LES MÉCANICIENS
DE LA LECTURE

GISÈLE GELBERT

LES MÉCANICIENS DE LA LECTURE

Lire, mais comment
et pourquoi ?

© Odile Jacob, novembre 2013

15, rue Soufflot, 75005 Paris

www.odilejacob.fr

ISBN : 978-2-7381-3059-4

*À tous les parents
qui m'ont fait confiance*

*À mes auditeurs,
à mes élèves
qui m'ont soutenue
dans mes recherches*

*À Gustave Guillaume,
mon maître*

*À Caroline Eliacheff
toujours là*

*À Richard
qui ne se décrit toujours pas...*

… ainsi parlait le Dr House[1]…

« C'est toujours interdit de pratiquer une autopsie sur quelqu'un de vivant ? »

« Vous m'avez reproché de penser que j'avais toujours raison. Et je me suis rendu compte que vous aviez raison. Enfin, je pense. Mais va savoir si j'ai raison. »

« Qu'allez-vous faire ? Je me disais que j'allais écouter vos théories, les rejeter, puis ne garder que la mienne. Comme d'habitude. »

« Je suis assez intelligent pour savoir ce que j'ignore. »

---

1. *Dr House*, saisons 1 à 7, Universal Studios.

~~théâtre~~ théâtre

Le poussin

1 Un jour un coq et une poule
1 ~~bofoito~~ un poussin qui s'appelle
1 iocoume mais le poussin nèmé
1 pas se c prénom. Un jour le
1 cop chanta cocorico! cocorico!
2 1 cocorico ~~corico~~! est sa mére
1 elle étaitterice et elle perré semséce.
1 parcqu le poussin èlelle toujours
1 à la forré et il avée un merchen
1 2 ~~loir~~. eh eh eh eh....Maet soci le
1 renarelsse pousins ne lettecoutte pas.
1 Il aller tou les jour dycour un
1 jour un renared parode dans le
1 parage, met le poussin était toujours
2 1 cocan ih ih ih ih.....Mais il ne cavepa
1 que il était rusé le ~~renare~~ renare.
1 2 puis le renareddi (a tu ve monté
2 sur l'arbre) enomnomnom?
2 pourquoi parcque tu et méchan
2 abom oui aloir je vai te mensé
2 à aucecour! ~~aucecour~~ aucecour!
2 aucecour! aucecour! maman.
2 quiquicepace mon iocoume le renare
2 ma voulu ~~me crocé~~ me crocé. Et
2 je dédéste quon m'appelle iocoume.
1 eloir Il retourene le voir mais
1 cette foite se nette pa luis cés un
1 loup qui était afamai le poucssin
1 avais perré mes le loup saprocha,
2 et luét di tinquéte je sui jenti abom
2 bra pourqujo tu a sorti ta lemquep.
2 cet normal ces parque jabo tu a vu
2 un renared oui toutsale il voulé me
2 mengé mois gador les renared pour les
biant   manaer.

Prologue

Lætitia, 9 ans, en CE2, après trois ans de rééducation orthophonique, a écrit spontanément ce texte, qu'elle appelle « théâtre ».

Je vous laisse lire à haute voix pour le décrypter. Vous pourrez alors apprécier la fraîcheur et la spontanéité de l'expression.

Comment cela peut-il être interprété ? Une horreur, un texte incompréhensible ? Et la question qui vient à l'esprit est : comment a-t-elle été enseignée, comment a-t-elle été rééduquée, quel niveau mental a-t-elle, à quel conflit psychologique cela répond-il ? Et que va-t-on conseiller ? Une orientation scolaire en circuit spécialisé, une rééducation intensive, un traitement par Ritaline[2] ?

Eh bien, non ! Cet exemple est pour nous un échantillon bien banal des troubles de type aphasique, dysfonctionnements linguistiques qui sont le sujet de ce livre.

---

2. Méthylphénidate, dérivé amphétaminique classé au tableau des stupéfiants, utilisé dans le traitement de l'hyperactivité de l'enfant, mais aussi pour des déficits de l'attention et des troubles des apprentissages.

Oui, nous comprenons ce qui se passe, nous démontons les mécanismes linguistiques responsables de ces anomalies et nous les exposons ici.

Oui, nous savons comment les traiter. Avec une rééducation spécialisée, le travail aphasiologique, à raison d'une demi-heure une fois par semaine, en viendra à bout : soit nous les guérirons, soit nous les améliorerons suffisamment pour pouvoir poursuivre des études normales.

Non, il ne s'agit pas d'un miracle. Certes nous avons rencontré des cas irréductibles, témoignant d'un processus neurologique non défini, contre lequel nous ne pouvons rien, et souvent les délais nécessaires à la restauration peuvent être longs.

Non, il n'est pas honteux de se targuer de résultats que l'on ose montrer et prouver : ces enfants ne lisaient pas et lisent, ne pouvaient pas transcrire et transcrivent, ont pu passer leur bac puis intégrer une grande école alors qu'on les destinait à un parcours scolaire spécialisé pour handicapés.

Alors, courage, pour lire ou parcourir ce livre, cela en vaut la peine...

PREMIÈRE PARTIE

Bizarre, vous avez dit bizarre...

Préambule

Ce livre s'insère dans la suite des six précédents[3]. Je n'irai pas jusqu'à dire qu'il faut les avoir lus – cela ne se fait pas –, cependant le travail rééducatif et la théorie auxquels ils ont donné naissance forment un ensemble qui a commencé, s'est dit et se poursuit...

Il traite toujours du même sujet et développe le même thème : les « troubles de type aphasique ». Ce sont ces difficultés de langage qui font que des enfants ne peuvent ni parler, ni lire, ni écrire ou à peine, alors que l'enseignement n'est pas en cause, qu'aucune maladie organique ou trouble psychologique ou problème socio-environnemental ne peut l'expliquer et en tout cas qu'aucune thérapeutique homologuée n'a pu soulager. Aucune étiquette n'a pu les recouvrir

---

3. *Lire, c'est vivre*, 1994 ; *Lire, c'est aussi écrire*, 1998 ; *Le Cerveau des illettrés*, Séminaire I, 1998 ; *Un alphabet dans la tête*, 2001 ; *Lire ou ne pas lire ? Le combat*, Séminaire II, 2005 ; *Parler, lire, écrire. Autrement dits*, 2010, aux éditions Odile Jacob.

– même si on fait appel aux célèbres « dys- » (dyspraxie, dysorthographie, dysphasie, dyslexie, dyscalculie…).

Vous allez ouvrir ce livre, et peut-être vous y aventurer…

Pour vous faciliter le parcours, j'ai agrémenté d'astérisques les mots qui pourraient intriguer (en index : « Petit dictionnaire des troubles de type aphasique », p. 147), j'ai rassemblé les descriptions des exercices cités (tous les autres exercices ne figureront donc pas ici), et j'ai aussi mis en index les schémas fondamentaux représentant la mécanique des fonctions linguistiques. Il vous faudra sans doute consulter ces compléments, vous aurez ainsi à feuilleter l'ouvrage assez souvent et à y rechercher la réponse à vos interrogations, mais vous n'en sortirez sans doute que plus convaincus de la rigueur de la recherche et de son ancrage dans les résultats.

Alors, ne vous aventurez pas sans provisions, allez visiter le petit dictionnaire dès maintenant.

Je vais d'abord vous faire entrer dans le cerveau d'un aphasique – pour faire comprendre l'appellation de ces troubles : troubles de type aphasique, c'est-à-dire dysfonctionnements linguistiques identiques à ceux des aphasiques, mais en l'absence de toute lésion réputée génératrice d'aphasie – en référence au syndrome de Landau-Kleffner[4]. L'aphasique, lui, présente une lésion au niveau de la zone du langage (le plus souvent à cause d'un accident vasculaire cérébral), dans le cerveau gauche. Privé de parole, de lecture

---

4. Syndrome de Landau-Kleffner : aphasie acquise de l'enfant avec épilepsie, sans lésion visible par les moyens d'imagerie actuels.

ou d'écriture, de façon totale ou partielle, son utilisation du langage est devenue tout à fait anormale.

Puis vous entrerez dans le cerveau de Jeanne. À 6 ans et demi, elle était non parleur : ni jargon, ni production agrammatique, quelques onomatopées seulement, alors qu'il n'y avait ni problème d'audition, ni paralysie bucco-phonatoire et que les problèmes psychologiques avaient été pris en charge et résolus dans un service de pédopsychiatrie. Dans mon dernier livre, *Parler, lire, écrire. Autrement dits* (Odile Jacob, 2010) nous avions vu comment nous avions réussi à la faire parler. Un aphasique a parlé avant son accident, mais ne parle plus ; Jeanne n'avait jamais parlé, telle était la différence évidente entre les deux – mais elle ne remet pas en cause l'univocité de l'instrument thérapeutique, ne nécessitant qu'une discrète adaptation. À la fin du livre, elle parlait et la lecture s'installait – et il nous semblait que cela se passait comme prévu dans ces cas difficiles. Mais vous allez voir qu'il n'en était rien.

À 14 ans, maintenant, Jeanne parle, mais lit et écrit bizarrement...

Oui, bizarre, vous avez dit bizarre, toutes les atypies de cette pathologie défient les règles habituelles de l'apprentissage, de la mémorisation, de la logique des acquisitions successives. En voici une petite liste (non exhaustive...) :

– lit un texte de syllabaire, fait la correspondance son/graphie, mais ne lit pas « toto/mimi » donnant l'un pour l'autre ;

– fait la correspondance son/graphie, épelle un texte, mais ne lit pas en syllabe (dit que ne peut pas « accrocher ») ;

– lit parfaitement, mais ne comprend rien ;

– donne un jargon graphémique total en dictée, mais rend parfaitement en rétention un proposé graphique complexe ;

– peut articuler « s » isolé, mais ne peut pas faire la syllabe « sa », en persistant à séparer le « s... » du /a/ ;

– ne se rend pas compte qu'une phrase dictée, puis écrite par moi-même en la disant, concerne le même proposé oral : si on demande de corriger, le patient cherche à corriger ma production.

Lecteur, je ne peux pas vous emmener tout de suite avec Jeanne pour la faire lire, sans vous demander de tendre la main par-dessus les livres pour la retrouver. Nous l'accompagnerons sous le pavillon de la bizarrerie, après avoir redécouvert en index le schéma des fonctions linguistiques et ses extensions nouvelles – déployant des secteurs en friche jusque-là, et sans rencontrer la moindre contradiction entre le socle initial et les avancées. Puis, après, nous rencontrerons le Dr House... mais c'est une autre histoire !

1. Dans le cerveau d'un aphasique : Monsieur H.

1. *Imaginez* que l'on vous propose *oralement* une série de mots, de noms concrets et que vous ayez à *désigner* ces objets ou ces détails *sur un magazine* illustré, vous y arrivez très bien.

2. Puis on écrit devant vous une liste de ces mots, en silence et *à chaque mot écrit, on vous demande de désigner l'objet* ou le détail sur le magazine, vous y arrivez très bien.

3. Enfin, cette liste écrite restant devant vos yeux, on vous *repropose oralement un des mots* et on vous demande de le *désigner sur la liste*, et vous n'y arrivez pas, vous vous trompez à tout coup…

château

arbre

bonnet

livre

verre

4. Alors, on vous donne un crayon et au lieu de vous demander de désigner le mot écrit correspondant au mot oral proposé, on vous demande *de l'écrire*, eh bien, vous y arrivez très bien, tout en persistant à le *désigner* de façon erronée sur la liste…

5. Mais si on vous laisse tranquille après cette « épreuve » et que le lendemain ou une semaine après, on vous soumet au même « test », eh bien, *tout est rétabli*, les trois étapes, et vous pouvez parfaitement désigner sur la liste écrite le mot que l'on vous propose oralement (dont vous connaissez le sens par la voie orale et par la voie écrite, puisque vous pouvez désigner les détails correspondants sur les photos).

Que s'est-il passé ? Le troisième volet est inattendu, le quatrième est bizarre, revoyons-les !

Le *troisième volet « inattendu »* : vous avez entendu « château », vous avez compris le sens de ce mot ; vous avez lu « château » et vous avez de même compris le sens de ce mot ; et pourtant vous ne pouvez pas retrouver ce même mot proposé oralement sur la même liste… Vous vous trompez, vous montrez « verre » pour « château » !

Le *quatrième volet « bizarre »* : vous ne pouvez donc pas désigner sur la liste écrite le mot proposé oralement, mais par contre, vous pouvez parfaitement l'écrire à côté…, tout en persistant à désigner de façon erronée.

Et enfin, *la « guérison »*, venue toute seule après cette bizarrerie, ce comportement linguistique « bizarre » !

Si nous revoyons le schéma des fonctions linguistiques[5], en son début, *avant l'installation de l'écrit,* disons que chez un individu appartenant à une ethnie qui n'a ni découvert ni emprunté l'écriture ou chez un enfant qui n'a pas encore été enseigné, nous voyons que figure seulement la représentation mentale orale (avec la potentialité d'écrit* que nous lui supposons).

Si nous prenons le moment, soit de *l'invention de l'écriture*, soit de l'enseignement de l'écrit, *la main va créer* une graphie – ou apprendre à le faire, qui va entrer dans ce compartiment moyen et donner lieu à une représentation mentale graphique ; celle-ci va établir des liens avec la représentation mentale orale.

Revenons à ce que vous avez fait lorsque vous étiez aphasique, n'ayant aucune possibilité d'établir (ou de revivre) une relation *intérieure* entre l'oral et l'écrit et leurs représentations, vous avez repris le « chemin des écoliers » et avez comme *inventé* des graphies pour écrire le mot proposé oralement – mais vous avez triché, car vous aviez un modèle à disposition : vous avez fait une « *fausse copie, fausse dictée* ».

---

5. Voir en annexes les dix planches du schéma des fonctions linguistiques et les modèles internes.

Vous avez parcouru intuitivement ce circuit qui est le circuit *virtuel externe n° 1*, qui ne doit être parcouru qu'une fois – lors de la création de l'écriture ou de l'enseignement de l'écrit à l'enfant – alors que *la « coquille » est vide* en compartiment moyen et qu'il n'y a encore aucune représentation d'écrit. Néanmoins, ce circuit, pour virtuel* qu'il soit devenu, doit avoir laissé une trace et, en le parcourant à nouveau on peut quelquefois résoudre des problèmes… Et vous êtes ainsi retombé sur vos pieds…

Merveille ! Vous avez compris, et vous comprenez le fonctionnement des exercices qui font le *travail aphasiologique* ! Puisque vous avez découvert ce « truc » pour « guérir », puisque ce comportement linguistique a fait fonctionner normalement des réseaux « souterrains », pourquoi ne pas en faire bénéficier d'autres patients en essayant de recréer artificiellement des situations linguistiques similaires ? Ce qui fut fait, et voilà notre *« exercice privilégié n° 1 »*.

Exercice privilégié n° 1

J'écris en disant devant l'enfant une courte phrase, en cursive large, en répartissant les mots sur trois ou quatre lignes, sans obéir à aucune règle de syntaxe ou de sens : on peut séparer l'article du nom, le sujet du verbe, etc. Chaque ligne peut contenir un ou plusieurs mots – pas plus de quatre.

Puis, avec comme consigne unique, mais très incitative et même répétée en cours d'exercice « Je te dicte », je lui demande d'écrire en dictée, sur la même feuille, sous le texte écrit, sans faire d'autre commentaire que la désignation de l'endroit où il doit écrire – et il doit aller à la ligne à chaque fois, reproduisant la répartition du modèle.

> Je « dicte » alors, dans le désordre l'un ou l'autre mot de la phrase modèle, en m'efforçant de modeler mon proposé sur sa transcription – comme si je la guidais, étirant un peu les consonnes quand nécessaire ; je suis donc l'allure de sa transcription. Il ne s'agit donc pas d'une dictée normale, tant par la façon de dicter (ce serait une « dictée téléguidée ») que par le maintien du modèle sous les yeux – il s'agit d'une « fausse copie/fausse dictée ».

Nous parcourons ainsi le circuit virtuel externe n° 1, fondateur de l'ensemble du système des circuits virtuels.

On a su observer un comportement significatif, on l'a compris et expliqué, on a compris la réaction positive à une situation d'exercice, et on l'a appliqué à une autre patiente aphasique qui, pour la première fois, sera capable de faire une copie.

Monsieur H. va nous permettre de préciser ce qu'est cet espace intérieur du linguistique, lieu de « mouvements » linguistiques et nous permettre d'installer le schéma. Des circuits virtuels, de l'écriture, nous allons remonter à l'installation de la parole et aux non-parleurs.

Tant pour le cas de Monsieur H. que pour cette jeune fille non parleur à 13 ans qui produit une lallation* pour la première fois à la suite d'un simple bilan, on se rend compte que l'on a mis en marche des processus qui ont modifié les productions linguistiques, donc on est poussé à parler des *processus linguistiques* et à évoquer des mouvements dans les actions linguistiques sollicitées – dans une répétition, une dictée ou une copie. On peut imaginer, rien que par le temps nécessaire à leur réalisation, une action, que l'on peut représenter par une trace matérialisée, graphique. On voit bien qu'il y a une relation intérieure différente de la relation extérieure et une modification de ces relations par une manipulation des situations, par une mise en situation particulière. Il y a donc individualisation d'un espace différent et de mouvements possibles dans ce secteur. Il se passe quelque chose à l'intérieur, qui n'est pas de l'ordre de la mémoire, de l'apprentissage, de la conscience phonétique ou de l'analyse phonologique.

La justesse de cette analyse, repérage et suivi du cheminement, et la modélisation par hypothèse d'un fonctionnement normal, seront confirmés par la normalisation des dysfonctionnements – autrement dit par les résultats.

2. Jeanne qui ne parlait pas

A. DIALOGUE

Jeanne, c'est à toi...

Jeanne, tu parles maintenant et tu lis, mais d'une drôle de façon, c'est pourquoi je t'ai incluse dans les bizarreries...

Mais ne t'inquiète pas pour autant, on les aura aussi...

Donc, Jeanne, avant de venir vers toi, batailler contre ces bizarreries qui t'empêchent encore de rejoindre la tribu des lecteurs de ton âge, laisse-moi faire découvrir à mes lecteurs cet instrument d'exploration.

B. LE SCHÉMA DES FONCTIONS LINGUISTIQUES

Pour expliquer ces dysfonctionnements linguistiques qui conduisent à cette pathologie sévère, nous avons modélisé* le fonctionnement linguistique normal, dans cet espace linguistique, autonome, celui où se situent les « objets mentaux* » identifiés par Changeux[6].

Nous avons donc une entrée de langage, qui est une entrée de sens, convoyée par un formatage* d'individus acoustiques qui sont devenus des phonèmes*. Une machinerie intérieure va s'approprier ce produit, le garder en mémoire et le reproduire indépendamment de l'apport extérieur, puis va assurer sa transcription par l'écriture et avec un retour en lecture.

On peut, grâce à l'introspection banale, imaginer un proposé verbal, donc en représentation mentale, autrement dit, vulgairement, entendre une parole dans sa tête.

Il ne s'agit pas d'un symbole. Le « métabolisme » d'un produit extérieur, hors le corps, en un produit intérieur obéit à des règles de transformation universelles qui ne sont pas de ma compétence.

Figurons un espace en trois parties, les trois compartiments, et situons cette représentation mentale dans le compartiment moyen : ce compartiment est le siège des représentations mentales, le compartiment interne est le siège du sens, du cognitif et le compartiment externe est celui des données perceptives et sensorielles. Le temps pris pour faire

---

6. Jean-Pierre Changeux, « Les objets mentaux », *in L'Homme neuronal*, Fayard, 1983, p. 160-211.

cette introspection (entrée, installation de la représentation, issue en répétition) peut se spatialiser et se tracer en circuit. Ainsi les circuits n° 1 et n° 2 tracent ainsi le temps opératif*, nécessaire pour passer d'un lieu à un autre, pour opérer la transformation entre une entrée acoustique et sa représentation mentale orale puis sa sortie éventuelle.

Nous reprenons en annexes (p. 155) les 10 planches qui modélisent le fonctionnement linguistique, auxquelles nous nous référerons pour les cas cliniques retenus.

Cette représentation mentale orale va être à la source de la parole, puis de l'écrit. L'enfant ne parle pas en sortant du ventre de sa mère ; pour arriver à ce fonctionnement simple de la parole (entrée d'un proposé oral, représentation mentale orale, issue vers une réalisation phonatoire), il y a eu des étapes, il s'est passé un certain temps qui a vu sortir, en parole, dans le compartiment externe des productions verbales « primitives » : le jasis ou lallation, le jargon de syllabes aléatoires, l'agrammatisme, dès 1 an et dans les années qui suivent. Entre le temps zéro et ces sorties, chez l'enfant qui va « se mettre à parler » (et non qui va apprendre à parler), on ne peut faire appel à l'introspection pour observer les représentations mentales orales qui n'ont pas manqué de se faire. Dans ce laps de temps qui définit un espace intérieur, s'inscrivent des « modèles internes » qui sont des représentations mentales orales. Elles sont de même nature que la représentation mentale orale de l'adulte, appréhendée en introspection. Elles sont en rapport de genèse, c'est-à-dire résultant de transformations successives d'autres états préalables, de même nature, mais antérieurs. Il s'agit donc de remonter le temps, sans l'utilisation possible de l'introspection (puisqu'il s'agit du bébé qui se prépare à parler), mais en supposant qu'il s'est agi d'un cheminement et d'une dynamique de même nature, en rapport de genèse.

L'exploration de ces zones obscures – de l'installation de la parole chez l'enfant – se fera en opérant une reconstitution d'après le modèle ultérieur – de la représentation mentale actuelle, *hic et nunc*. La justesse de cette reconstitution sera appréciée par son aptitude à rendre compte des pathologies observées, à les corriger et à permettre l'arrivée au modèle « juste » initial. L'observation de ces différentes pathologies nous aura permis d'explorer ce temps entre la naissance de la parole et cette extension de l'occupation de l'espace intérieur. Ce sont des états qui se substituent les uns aux autres, certains coexistant, d'autres restant en « disponibilité ».

Tout se passera donc dans un temps qui s'écoule. Il est à la fois physiologique inscrit dans le corps et linguistique.

Citons Gustave Guillaume[7] :

« [...] une opération de pensée, si brève soit-elle, demande du temps pour s'accomplir et peut, conséquemment, être référée, aux fins d'analyse, aux instants successifs du temps qui en porte l'accomplissement et que nous nommerons le *temps opératif.* »

Ce temps opératif linguistique délimite un espace grâce à une spatialisation dans ces trois compartiments et ces modèles seront reliés par des circuits. Ces circuits sont la matérialisation du temps nécessaire à la réalisation de ces

---

7. Gustave Guillaume, *Temps et verbe. L'Architectonique du temps dans les langues classiques*, Paris, Champion, 1968, p. 16.

transformations d'une représentation à une autre ou d'un modèle interne à un autre.

Donc dans un premier temps, nous négligerons la qualité principale d'une représentation mentale, qui est celle d'exister indépendamment du modèle extérieur, en persistance et en autocréation. Nos simples observations par la raison raisonnante sont très bien recouvertes par les expérimentations faites, par exemple par Bénédicte de Boysson-Bardies[8], sur les aptitudes polyvalentes des nourrissons et sur le choix qui se fait des phonèmes à reproduire pour s'approprier la langue maternelle. Ainsi, tant mieux si la connaissance clinique, l'observation et la réflexion linguistique sont recouvertes par l'expérimentation scientifique.

C. LE CERVEAU

Bien que me refusant à faire des corrélations anatomo-cliniques, manifestant bien que le linguistique fonctionne indépendamment du physiologique, même si à l'évidence ce dernier en est le support, nous allons lancer quelques pistes conjointes dans les deux territoires. Ceci en sachant bien que les observations ne sont pas applicables directement d'un domaine à l'autre, terme à terme. Ainsi, si les expérimentations en neuro-imagerie montrent que les neurones sont plus performants lors de stimulations réitérées, par contre, l'observation et le travail aphasiologique montrent qu'il n'en est rien en rééducation pour réduire une pathologie du langage. Multiplier l'impact rééducatif n'apporte aucune solution si l'on n'actionne pas les bons circuits. Et même si l'on

---

8. Bénédicte de Boysson-Bardies, *Comment la parole vient aux enfants*, Paris, Odile Jacob, 1996, p. 30 et 37.

actionne ces circuits, il ne sert à rien de pratiquer une rééducation intensive.

Le domaine linguistique

Les phonèmes entrent, insérés dans les syllabes et dans les mots du proposé oral, apport indispensable à la naissance de la parole.

Des individus acoustiques*, constitués de formants* précis, sons et bruits, sont transformés en phonèmes pour formater les mots, porteurs de sens : ce changement de matière, d'une matière essentiellement physique en une matière linguistique, constitue leur *transsubstantiation**.

Après le tri des phonèmes caractéristiques d'une langue – leur identification ayant été possible grâce à l'aptitude à syllaber –, ils vont entrer en compartiment moyen, dans le corps et dans le territoire linguistique. Ils vont constituer un premier inventaire – nous l'appelons l'*inventaire barbare**. Mais pour constituer ce réservoir bien précis, il faut que ces phonèmes soient confirmés dans leurs caractéristiques physiques : ils passent par un sas pour ne garder que leur physique, ils sont *détranssubstantiés** : c'est cet état que nous observons dans la lallation et que nous reproduisons dans l'exercice du plumeau

C'est le *modèle auditif*, mais il est obligatoirement couplé au modèle kinesthésique, qui se trouve déjà virtuellement en lui, puisque c'est une parole produite par un homme qui l'a articulée et sera reproduite par un homme qui l'articulera.

Le *modèle kinesthésique** est le schéma moteur à lancer qui permettra sa reproduction, il sera corrigé et ajusté par le retour.

Le *cavernicole*, résultat de ce couplage, est une production orale silencieuse, *in posse*[9]. Pour bien l'appréhender lisons ce que dit le linguiste Gustave Guillaume à propos de l'image-temps, mais qui peut s'appliquer à toutes les représentations mentales :

Temps *in posse*, temps *in fieri* et temps *in esse*

« Il est concevable, en effet, que pour s'introduire profondément à la connaissance d'un objet, cet objet fût-il le temps, point ne suffit de le considérer à l'état achevé, mais qu'il faut de plus, et surtout, se représenter les états par lesquels il a passé avant d'atteindre sa forme d'achèvement. [...]

Pour être une opération mentale extrêmement brève, la formation de l'image-temps dans l'esprit n'en demande pas moins un temps, très court sans doute, mais non pas infiniment court, et par conséquent réel. Il s'ensuit que cette formation peut être rapportée à un axe, – une certaine durée de temps qu'on se représente linéairement – qui est le lieu de tout ce qui a trait à la figuration mentale du temps. Nous nommerons cet axe, l'axe du temps chronogénétique, et l'opération de pensée qui s'y développe, la chronogenèse. /.../

À l'instant initial/.../, la chronogenèse n'a pas encore opéré, elle est seulement en pouvoir d'opérer : l'image-temps saisie sur cet instant de la chronogenèse est le temps *in posse* (c'est-à-dire une image que la pensée n'a aucunement réalisée, mais qu'elle est, néanmoins, en puissance de réaliser).

À l'instant médian /.../ l'image-temps saisie /.../ se présente en cours de formation dans l'esprit. C'est le temps *in fieri*.

---

9. Gustave Guillaume, *Temps et verbe. Théorie des aspects, des modes et des temps suivis de l'Architectonique du temps dans les langues classiques,* avant-propos de Roch Valin, Paris, Champion, 1968, p. 8-11.

> À l'instant final /.../ la chronogenèse a fini d'opérer et la vue que l'on prend sur cet instant correspond à l'image-temps achevée /.../ le temps *in esse*. »
> Le temps *in posse* est représenté par les modes impersonnels, infinitif et participe, le temps *in fieri* par le subjonctif et le temps *in esse* par l'indicatif.

Il donnera un (b) de cavernicole, qui va sortir en lallation. Au retour, il est pris en charge par le (a) défricheur*, pour ajustement. Puis se fera le passage dans le *module spatial** (voir la planche expliquée dans les annexes).

Le syndrome pseudo-bulbaire

Pourquoi éprouver la nécessité ici de parler du syndrome pseudo-bulbaire[10], au risque d'entrer dans une complexité rébarbative ?

Bien sûr nous en avons rencontré de très nombreux, mais souvent de diagnostic difficile, car la phonation restait le seul signe clinique vraiment contributif.

Nous montrons plus loin, pour Colin (p. 85) combien le fonctionnement psychologique pouvait prendre les apparences d'un trouble linguistique, explorant ainsi les frontières entre ces deux domaines. Ici, nous allons explorer les frontières entre la localisation neurologique et le linguistique.

En effet, nous avons constaté plus d'une fois que le trouble de type aphasique majorait le trouble moteur bucco-

---

10. Gisèle Gelbert, *Lire ou ne pas lire ? Le combat*, Séminaire II, Paris, Odile Jacob, 2005, p. 67-90.

phonatoire et à l'inverse que le travail aphasiologique, purement linguistique, l'améliorait. Il s'agit d'une articulation altérée par un déficit neurologique, mais perméable au linguistique : ainsi nous observons qu'un déficit moteur *a minima* des organes bucco-phonatoires est aggravé et s'accentue si s'y associent des troubles de type aphasique et régressent sous l'effet de la thérapeutique linguistique. Nous cherchons à comprendre pourquoi et comment le trouble linguistique peut agir sur l'articulation et quelles sont les limites de notre intervention.

Très succinctement, définissons le syndrome pseudo-bulbaire comme étant une parésie labio (les lèvres), glosso (la langue), pharyngo (le pharynx), laryngée (le larynx) résultant d'une atteinte bilatérale du faisceau cortico-géniculé (ou cortico-nucléaire, ou cortico-bulbaire), en un point quelconque de son trajet du cortex jusque dans le bulbe, dans les noyaux des nerfs qui commandent les organes bucco-phonatoires. Il s'agit d'une lésion « centrale », supra-nucléaire. Seules se visualisent en neuro-imagerie les lésions au niveau cortical, sous forme de dysplasie – par exemple dans le syndrome bi-operculaire. Ces lésions entraînent principalement des troubles de la déglutition et de la phonation. Ce sont les répercussions sur la phonation que nous cernons : indifférenciation articulatoire s'aggravant à la fatigue et pouvant aller jusqu'à une bouillie articulatoire ; nasonnement, souffle nasal, coups de glotte ; voix couverte et graillonnante ; mauvaise régulation du souffle expiratoire avec reprises fortes, ahanement, essoufflement ; dysprosodie avec un débit ralenti, étiré, irrégulier et perte de l'intonation.

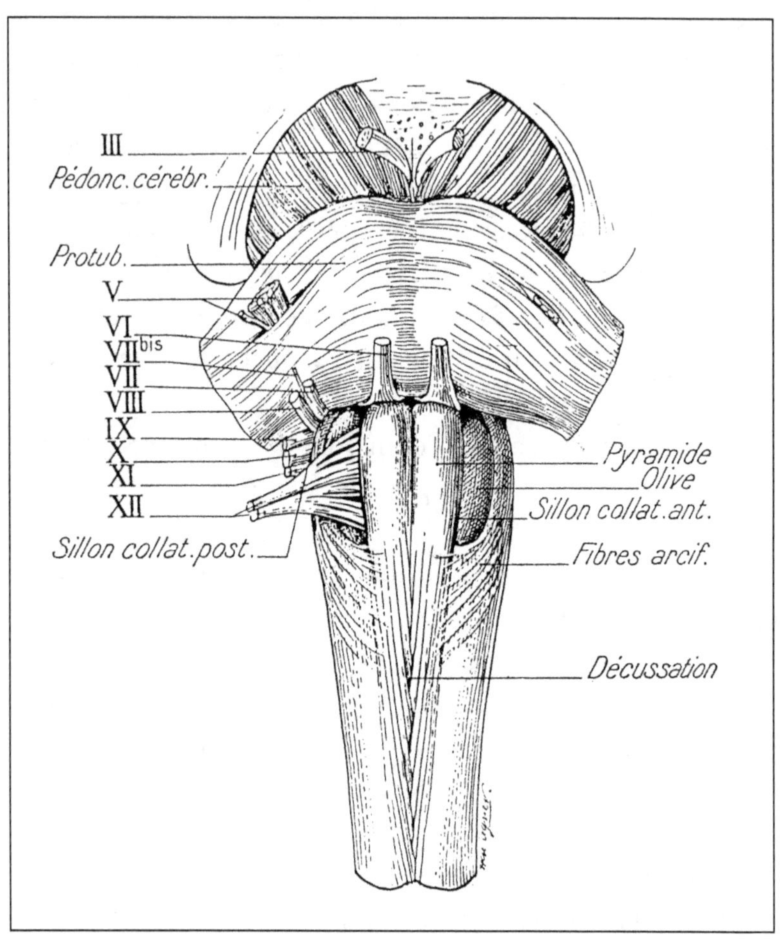

Le bulbe, vue antérieure d'après Grégoire R. et Oberlin,
Précis d'anatomie, Paris, Baillière, 1964.

Il s'agit donc d'enfants chez qui nous avons à faire
deux diagnostics : le syndrome pseudo-bulbaire (souvent
récusé lorsqu'il n'y a pas d'image neuroradiologique ou
lorsque les examens du cavum et de la mobilité vélaire,
s'avèrent normaux – alors que les altérations de la phonation

sont flagrantes) et les troubles de type aphasique. Lorsque la rééducation classique de l'articulation a été menée de façon soutenue et est restée impuissante, et lorsque nous disposons, avec les échantillons écrits pathognomoniques de troubles de type aphasique, de la certitude de l'association de ces deux pathologies, nous pouvons appliquer la thérapeutique et constater les résultats.

C'est alors que va s'appliquer notre réflexion, en particulier sur la place de la corrélation anatomo-clinique dans notre conduite théorique et sur notre positionnement devant les travaux de Stanislas Dehaene[11], remarquables, mais contestables dans leur extrapolation rééducative et pédagogique.

Chez l'enfant et l'adulte pseudo-bulbaires, des efforts d'ajustement de la reproduction du modèle se produisent et on obtient des résultats par la rééducation classique : modèle auditif normal, organes bucco-phonatoires normaux, mais commande motrice anormale. Chez l'enfant pseudo-bulbaire porteur de troubles de type aphasique, ces efforts rééducatifs sont totalement inefficaces : le modèle auditif n'est pas normal linguistiquement. Or la commande motrice ne part pas du modèle auditif brut, mais du phonème usiné, et c'est là qu'il est anormal.

Le domaine physiologique et neurologique

Ayons d'abord une vue d'ensemble du cerveau gauche et des différentes régions concernées par la parole et le langage.

---

11. Stanislas Dehaene, *Les Neurones de la lecture*, Paris, Odile Jacob, 2007.

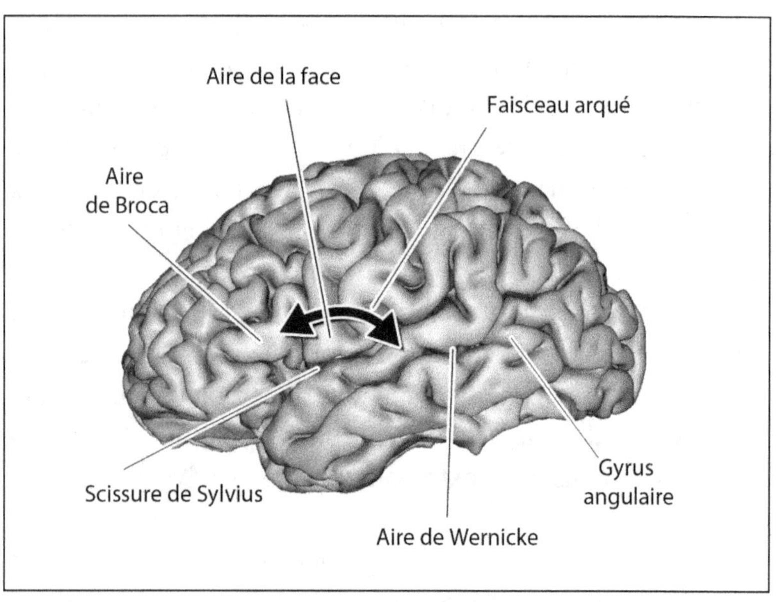

Reprenons la naissance de la parole et en parallèle de notre schéma situons-nous sur le cortex. Les voies acoustiques que sont les gyri de Heschl se mettent en jonction avec le versant sylvien de T1*.

Sur le schéma, en linguistique, nous avons l'entrée des phonèmes dans les mots, individualisés grâce à l'aptitude à syllaber. Ils se détranssubstantient en entrant et sont des individus acoustiques hyperphysifiés* afin d'être mieux identifiés. Ils sont convoyés par la voie acoustique vers les gyri de Heschl et pris en charge en T1 (zone de Wernicke, associative) où se font le tri et l'inventaire barbare. Donc nous situons en T1 l'inventaire barbare, constitué des sons détranssubstantiés, physifiés pour être le moins possible linguistiques.

Puis vient la jonction avec Broca, par le faisceau arqué : ces sons ainsi traités sont destinés à être reproduits et à ressortir. Dans le Broca, se trouve une production silencieuse, le cavernicole qui est la préparation du mouvement ; c'est l'adaptation de la motricité bucco-phonatoire à la reproduction. Il s'agit d'une production orale « silencieuse » – comme la préparation du mouvement s'il n'est pas « actif ». Le cavernicole comporte l'association du modèle auditif et du modèle kinesthésique.

Broca usine donc ce qui lui est fourni par Wernicke : il va d'abord montrer qu'il peut reproduire les sons triés par l'inventaire barbare, donc qu'il peut en donner la version articulée en fournissant un modèle kinesthésique à l'*opercule rolandique**, qui donnera l'ordre de sortie motrice. Ce premier volet de l'action de Broca sur le message de Wernicke donnera une issue en sons : la lallation chez le bébé et l'exercice des plumeaux (p. 112 et 203).

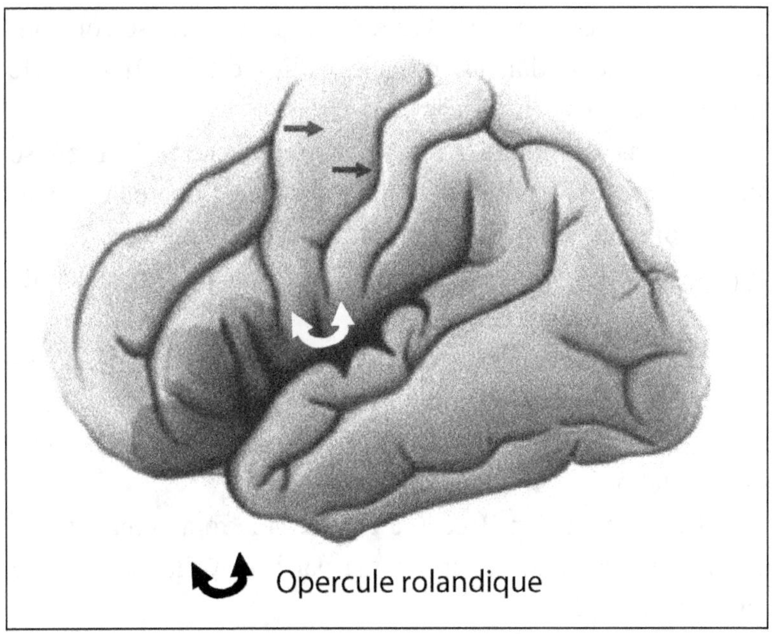

Mais l'action linguistique de Broca ne se limite pas à cela, cette sortie brute possible n'est pas la parole. Parler c'est faire des syllabes, sens linguistiques, et des mots, sens sémantiques. Entre les sons, modèles acoustiques accolés à un modèle kinesthésique *in posse*, et la sortie en syllabe, il y a toute la machinerie de la re-transsubstantiation : transformer ces sons en phonèmes.

Après l'ordre de sortie motrice donné à l'opercule rolandique, et la sortie en lallation par (b), il y aura retour dans la partie pariétale de l'opercule – le retour porte à la fois le son et le modèle kinesthésique qui l'a créé ; retour pour vérification de l'adéquation du modèle kinesthésique. Ainsi, la référence étant l'auditif, qui ne bouge pas, c'est le kinesthésique, les mouvements déclenchés, qui doivent s'adapter. La recherche d'adéquation, travail du (a) défricheur, est le retour par la voie acoustique, Heschl, sans utiliser les fonctions associatives de T1, qui va aller se confronter au modèle initial. Le modèle auditif est en Broca et le kinesthésique est en pariétal.

En cas de bonne adéquation, repassage en T1 où se fera l'entrée en module spatial. Pour que l'opercule rolandique commande la sortie de parole, de l'articulation de syllabe, il faut l'aide de la *voyelle vide*. Nous l'avons décrite dans le module spatial* (schéma 3).

En cet endroit, la voyelle vide prendra en charge le phonème. Autant Broca est moteur, autant Wernicke est linguistique, donc siège du changement de matière, de la retranssubstantiation.

Enfin, retour en Broca et à l'opercule rolandique et sortie : le (b) oral sera pris en charge par la voyelle /a/ devenue sens linguistique.

Nous voyons ainsi comment notre schéma peut se confronter à une cartographie du cerveau – même si cette corrélation ne nous est pas utile pour élaborer notre thérapeutique.

D. JEANNE AU TRAVAIL...

Revenons à Jeanne. Ainsi, elle parle, elle fait la correspondance son/graphie, elle déchiffre, elle écrit.

Elle « déchiffre », c'est-à-dire qu'elle peut « accrocher », comme disait Simon[12], faire la syllabe dans le mot au lieu de dire les sons ou épeler. De quelle façon déchiffre-t-elle ? À ce stade, comme chez tous les patients présentant des troubles de type aphasique qui commencent à lire, elle va utiliser la correspondance son/graphie et la production de syllabes. Elle sera aidée, « tutorisée », utilisera un fixé mnésique qui entraîne la mécanique, tapera les syllabes du mot (exercice du ping-pong). La progression devient normale, aidée par les différents exercices (chaise longue et TGV, pousse au déchiffrage, lecture alternée, lecture zigzag), et petit à petit fixé et déchiffrage se confondent, la correspondance son/graphie est au service de la syllabe, même si peut persister quelque temps l'épellation avant de faire la syllabe – ceci disparaîtra.

Cependant, à l'orée de ce livre, des clignotants, des feux de détresse s'allument, pour nous indiquer que l'évolution n'est pas tout à fait celle attendue et qu'il faut s'inquiéter et analyser au plus près les productions.

En effet, elle persiste – et persistera assez longtemps –, à lire « mimi » pour « toto » et « toto » pour « mimi », malgré

---

12. Gisèle Gelbert, *Lire, c'est vivre*, Paris, Odile Jacob, 1994.

tous ses acquis, malgré des discriminations phonétiques de bonne qualité (elle distingue très bien les /m/ des /t/ et le /i/ des /o/).

Faisons bien ressortir cette anomalie de lecture comme *comportement privilégié*, à côté des altérations banales, qui peuvent cependant être résistantes dans cette pathologie : des blocages sur des consonnes qui ne sont pas reconnues, une épellation avant de faire la syllabe, des inversions, etc. Nous arrivons à réduire ces anomalies avec les exercices adéquats : l'alphabet avec « a », le plumeau. Chez elle, l'alphabet avec « a » (/pa/pé/a/pa/) donne une reconnaissance et une épellation correctes, mais une perte de la consonne pour refaire la syllabe. La bonne qualité de son fixé, de sa mémoire, avait fait illusion et en avait imposé pour un déchiffrage – qui, même dans le cadre très large de notre acception du déchiffrage, n'en était pas un.

C'est pendant que nous observons avec perplexité les aléas du déchiffrage (sait « accrocher », mais ne peut pas le faire pour toto et mimi...), que nous allons voir surgir de l'écrit l'*élément explicateur* de ce grand dysfonctionnement.

Voyons la situation clinique, c'est-à-dire le fonctionnement linguistique en cause. Nous avons proposé :

– *une dictée*, qui donnera un jargon ;

Dictée : « la mère biquette dit au loup passez par la cheminée »

– *une rétention silencieuse* de la même phrase qui donnera un résultat parfait, tant pour l'orthographe d'usage que grammaticale ; à la question : « as-tu lu ? », Jeanne dit n'avoir rien lu et n'a pas reconnu qu'il s'agissait du même proposé que celui de la dictée.

Rétention silencieuse

Il est étonnant de voir la scission totale des deux fonctionnements. Elle écrit sa dictée sans faire aucun effort de correspondance ; elle sait seulement qu'elle doit se servir de lettres. Or, bien que connaissant la correspondance son/graphie et pouvant la faire, elle aligne un agglomérat de lettres, totalement aléatoires, et donne un jargon graphémique, cependant mis en mots. Que sait-elle ? Les lettres et les mots, mais elle ne voit aucun rapport entre les deux flux, l'oral et l'écrit – même pour aboutir à un serpentin qui aurait témoigné de leur confusion.

Il nous faut comprendre la relation profonde entre sa confusion toto/mimi en lecture et son résultat étonnant en rétention silencieuse.

Reprenons : quand elle voit « toto » ou « mimi », elle fait appel au fixé de ce duo, qui est le héros du texte, un « ensemble » comme dans la méthode globale, mais avec des erreurs, l'un pour l'autre, quand il n'y a pas de repère contextuel pour le choix.

Alors qu'elle peut déchiffrer en lecture pour le reste du texte de syllabaire, en tâtonnant, mais avec une activité « lexique », pour ces deux-là, elle n'en fait rien. Donc, pour une raison à déterminer, ils sortent du fonctionnement normal du déchiffrage.

À l'écrit, on va retrouver ce produit fait de lettres, constituant le mot proposé en rétention silencieuse, porteur de charge linguistique, mais « hors machine » : le mot proposé à mémoriser n'est pas lu. De même, « Toto », qui appartient à « toto/mimi » n'est pas lu.

La rétention silencieuse est fidèle, même pour un mot, à phonétisme complexe et porteur d'une orthographe étymologique ou grammaticale.

Y a-t-il une raison commune à cette dissociation, à cette constitution de deux blocs ? Raisonnons en nous replaçant sur le schéma. Reprenons le fonctionnement normal, du proposé graphique à la lecture, puis à la dictée :

Du proposé graphique...

Entrée, (d), (e) : ce qui persiste comme image graphique
après l'effacement du proposé, donc une vraie représentation,
la montée en n° 5 est de l'écrit pur, avec les blancs,
arrivée en (c), plateforme où se fait le changement de matière,
via le secteur épellation.

... à la lecture
Arrivée en (b')
accolement avec le (a) fantôme*
(b') est, pour le treillage,

> la dépendance du (b),
> qui est l'image du (a) fantôme,
> (b') est issu du compartiment interne
> provenant de l'entrée au sens du (a) fantôme,
> puis issue par le n° 2 donnant la réalisation phonatoire
>
> **... puis à la dictée**
> Descente de (b)/(b')
> arrivée en (c) en flux oral avec des entremots*,
> et après un changement de support, grâce au secteur épellation,
> endossement des lettres
> descente sur le circuit n° 6, lettre après lettre, à la queue leu
> leu, recélant encore de l'oral car présentant des entremots.
> À l'arrivée en (f), il y a changement de direction,
> horizontale avec des blancs, et sortie par le n° 4.

Pour Jeanne, nous nous trouvons devant un séjour anormal en (c).

Pour descendre, les lettres sortent du (c) à la queue leu leu, lettre à lettre, sur le n° 6, mais il y a toujours des entremots*, car il y a toujours de l'oral silencieux sur le circuit n° 6.

La montée est anormale : elle fait un séjour prolongé en (c), elle s'y arrête et ne va pas monter jusqu'au (b'), et ainsi ne va pas s'accoler au (a) fantôme – afin d'accéder au sens, ce qui est le but de la lecture.

Le séjour anormal en (c) fait perdre la cohésion du mot : les lettres perdent leur raison d'être, c'est-à-dire d'être au service du sens, elles tombent n'importe où, donc sans sens.

La cohésion dans le mot est suffisante pour que soit retenu le formatage graphique. Dans ce lieu de passage qu'est le (c), cette stagnation accentue la saisie de la matière graphique, qu'elle ne transforme pas, mais qu'elle va mieux fixer.

Rappelons les comportements de deux de nos patients aphasiques. Monsieur Justin : quand on lui demande de reconnaître les mots, il se met en situation de dictée, qui serait faite à partir du (a) fantôme, et quand il désigne les mots dans le texte, en fait il les écrit.

Monsieur P., aphasique, qui déchiffre manifestement bien que l'altération de sa parole soit majeure, qui comprend la parole, mais qui n'a pas saisi que le sens doit provenir de ce déchiffrage qu'il peut produire. Je lui demande de lire/déchiffrer une phrase, puis je dis cette phrase, il la comprend, mais quand je lui demande de désigner des mots que je dis, il est très étonné. Ce n'est pas qu'il n'arrive pas à le faire, mais plutôt qu'il ne comprend pas qu'on puisse le faire et qu'il y ait un rapport quelconque entre ce mot dit – contenant du sens – et cet écrit qu'il a néanmoins déchiffré. Normalement cet écrit inerte provient d'un oral, il ne l'a pas saisi, il ne sait pas que l'écrit a un rapport avec cet oral, son déchiffrage a abouti à un produit dénué de sens (une production orale, de formatages en oral mais non porteurs de sens, sans attelage au sens).

Quelles sont les connaissances que possède Jeanne et qui pourtant n'aboutissent pas à une activité linguistique normale ? Ce sont :
    – la correspondance son/graphie ;
    – la syllabe (elle peut « accrocher ») ;
    – le sens contenu dans l'oral ;
    – la mémoire, permettant de faire un plaqué en lecture et à l'écrit de faire un fixé en rétention.

On aurait pu faire autant de tests sur chaque item, mais sans arriver pour autant à une explication.

Malgré toutes ces aptitudes, elle n'a pas saisi que le but ultime du déchiffrage (de toute la mécanique de lecture qu'elle sait utiliser), est de faire du sens. Notre patient aphasique s'étonne qu'à un mot dit oralement, compris, corresponde un mot écrit, pourtant mécaniquement déchiffré, qui aurait la même mission de sens. Le support écrit vit pour lui-même et l'oral ne peut être qu'un alias, avec des arrêts du même type, sans rapport avec le sens. Sa production de déchiffrage n'est qu'apparemment normale, elle recèle une dissociation majeure.

Chez Jeanne, coexiste pour la lecture un fonctionnement à peu près normal : elle monte sur le circuit n° 5 avec les blancs, change de support, monte vers le (b') – l'anomalie est presque cachée, dans cette lecture oralisée, mais on en aura un reflet avec sa parole spontanée qui est hachée, en mots donc séparés par des blancs, son oral va singer l'écrit et ses blancs. C'est le deuxième signal : son oral est bien articulé, bien syntaxé, mais produit à voix forte et avec une prosodie hachée.

Reprenons l'écrit et sa rétention atypique. Son écrit est forcément soumis à une remontée par le n° 5, mais s'arrête en (c). Il nous faut ici parler des sosies*, dont nous allons décrire la structure.

Le sosie est la concrétisation du mot qui est la brique de la pensée et de toute la construction linguistique ultérieure. D'aucuns parlent du « lexique », la mémoire fonctionne à plein et va fixer ; ils seront mis à disposition, au milieu d'entrées et de sorties pour recueillir la pensée et la créer. On va les représenter par des sphères, comportant des couches, des coupes équatoriales : trois couches de haut en bas, l'image, le formatage oral – étranger puis propre – et le formatage écrit. L'image transcendée est remplacée dans certains cas par l'appartenance à la langue (objet de langue).

Sosie n° 1 : l'enfant avant la lallation, présence de deux couches : l'image et le formatage oral étranger.

Sosie n° 2 : début de la parole, présence de deux couches : l'image et le formatage oral maison.

Sosie n° 3 : l'écriture, trois couches : l'image, le formatage oral, le formatage écrit.

Sosie n° 4 : le mot n'a pas de sens (mot étranger ou nom de médicament), mais il appartient à la langue ; il donne une idée de l'image transcendée. Il y a trois couches, mais l'image n'est pas une simple photo de la réalité, un élément lexical, elle signe la présence d'un élément linguistique polyvalent, pouvant devenir porteur de sens ; elle est un pont entre la réalité et le concept.

La production écrite de Jeanne, au cours d'un stationnement prolongé en (c), entre en compartiment interne dans un sosie particulier, le n° 4, où elle bénéficie anormalement de la mémoire, elle est évacuée de sa production orale (même non extériorisée). Mais pourquoi y a-t-il une différence avec le déchiffrage qu'elle peut pourtant faire ? Elle y est incitée par moi. « Toto et mimi » sont pleins de sens, fixés pour cela, globalement : elle est étonnée qu'on puisse les soumettre à déchiffrage.

Faisons l'état des lieux.

Jeanne peut remonter dans le schéma à partir du proposé graphique : elle peut lire, déchiffrer, c'est-à-dire utiliser la correspondance son/graphie qu'elle a acquise. Le produit lexique est apparemment normal.

Mais elle ne peut pas descendre dans le schéma : la dictée donne un jargon graphémique. Le mot/sens oral est projeté hors fonctionnement de la machine et ce sont des lettres aléatoires qui sont produites : c'est le retour à la barbarie d'une armée de sons, comme ça vient, en désordre. Par contre la dictée téléguidée est correcte.

Jeanne pense que cet écrit, dont elle peut faire le déchiffrage, n'a aucun rapport avec le sens. Elle ne comprend pas que cette correspondance son/graphie, qu'elle sait aussi, va faire les mots, le sens. Et, même, elle n'opère un déchiffrage que si elle est sollicitée (elle reste passive et ne cherche pas à lire/déchiffrer un texte qu'on lui présente, si on ne le lui demande pas).

La situation de rétention silencieuse montre bien le dysfonctionnement qui se cache sous des acquisitions ayant les apparences de la normalité.

Présenté ainsi, il y a donc une entrée du proposé graphique, par le circuit n° 3, modèles (d)/(e), circuit n° 5 et arrivée en (c). Par hypothèse, nous supposons que le stationnement en (c) est anormalement prolongé et qu'il est devenu un cul-de-sac, sans remontée (qui aurait donné déchiffrage et lecture).

Il y a donc un changement de support, de matière, en (c), mais le produit ne poursuit pas sa course. Cependant comme il s'agit d'un produit linguistique (rien que par le biais de mon intervention), il entre au compartiment interne où, comme nous venons de le dire, il atteint le sosie n° 4. Il peut ainsi être fixé et peut être reproduit. À la différence de la reproduction d'un dessin, il a pu entrer en compartiment interne – mais comme il n'a pas pu monter, il n'est pas lu.

Il ne s'agit pas de faire reparcourir, reconstituer les circuits, mais de les faire ressaisir, comme s'il s'était agi de préalables* ou d'un deuxième type de transsubstantiation.

Nous avions parlé de transsubstantiation ou changement de substance à propos de Rigobert[13] : le « s » qu'il produisait n'était qu'un individu acoustique physique, et ne pouvait pas se transformer en phonème pour faire la syllabe. Tous ces sons, variant avec les langues, devenant des phonèmes (c'est-à-dire dans des mots) se transsubstantiaient donc.

Mais on peut considérer que l'assemblage de ces phonèmes va donner un formatage oral, lequel s'attelle à un sens pour donner un mot. Cet attelage* est une transsubstantiation. Cette notion d'attelage nous est suggérée par les cas de pathologie où nous le voyons se défaire. « Toto/mimi » forme un tel ensemble de sens qu'il se présente comme globalement affranchi du déchiffrage, soumis à un fixé asexué et sans repères, ce qui entraîne une alternative non maîtrisée. Ainsi chez Jeanne, le sens oral et l'expression finale de son formatage par l'écrit n'ont aucun rapport, sont « désattelés », elle n'applique pas ce qu'elle sait. On assiste à l'évasion solitaire du formatage écrit ; il montre sa qualité par son aptitude à être fixée et il montre qu'il n'y a aucun lien avec la correspondance oral/écrit, qu'elle connaît.

La rétention silencieuse est correcte, mais elle n'a ni lu ni compris ni même essayé de le faire, elle n'a pas déchiffré. Si néanmoins elle fixe les mots, c'est qu'il y a une remontée, mais qui s'arrête dans le modèle (c) et entre dans les sosies de type 4. C'est du langage, elle fixe en compartiment interne (on ne peut pas fixer en compartiment moyen,

---

13. Gisèle Gelbert, *Parler, lire, écrire. Autrement dits,* Paris, Odile Jacob, 2010.

ni en image, ni en formatage oral). Il est fidèle à un modèle qu'elle ignore, le (a) fantôme.

L'enchaînement d'exercices cherchera d'abord à montrer que du modèle (c) on monte au modèle (b') et au modèle (a) fantôme ; on forcera ensuite à entrer au sens (mots écrits correspondant à des détails sur une image) et à retrouver le (a) fantôme, puis on retournera à la rétention silencieuse pour montrer la relation normale entre l'oral et l'écrit.

Voici les enchaînements proposés :

– une image

– sur un détail le mot dit

– le mot écrit par moi en le disant téléguidé

– elle le lit

– rétention silencieuse

– demander si a lu le mot

– le faire en dictée

puis revenir au classique, attaquer les anomalies cachées de sa parole :

– je dis la phrase sur image

– dominique

– je la redis

– elle la répète

– dode

– privi bâtard et télécopie

– dictée téléguidée

– dictée normale modèle laissée

– dictée

Dictée : « touky rencontre un troupeau d'oies »

Rétention silencieuse

Re-dictée

Ces résultats sont obtenus en fin de séances après exercices. On voit bien la dictée initiale en jargon, la rétention graphique parfaite, l'utilisation pour la deuxième dictée, de ce qui a été vu en rétention, la saisie de l'identité du message et du rapport entre l'écrit et le proposé dicté.

Ainsi Jeanne a pu retrouver normalement ses amis Toto et Mimi et poursuivre son parcours de lecteur.

DEUXIÈME PARTIE

Le découplage

1. Comprendre quand vous lisez ?
Est-ce si évident que cela ?

Nous avons déjà rencontré ces adolescents ou ces adultes, insérés dans la vie universitaire ou dans la vie professionnelle, qui, sans problème psychologique particulier, malgré une lecture parfaite, n'accédaient pas au sens, ne comprenaient pas ce qu'ils lisaient[14]. Bien sûr pas totalement, ni constamment – sinon ils n'auraient pas du tout été insérés dans le tissu social, mais suffisamment pour être gênés et pour consulter. Il peut leur être tout à fait impossible de comprendre un texte lu et de le résumer – et surtout si ce texte est très simple –, ou bien leur résumé est soit une invention totale, soit une production très parcellaire ou incohérente.

---

14. *Ibid.*, p. 165-166.

Voici quelques exemples :

Texte

le roi marche dans les bois
il regarde les grands arbres
il a vu une petite biche
la biche marche vite

Récit oral après lecture d'Aude, 13 ans, en troisième :
« *un homme, un paysan, il voit une chèvre qui court* »

Texte

La guêpe arrache des fibres de bambou qu'elle ramollit avec sa salive pour en fabriquer une bouillie. En séchant, celle-ci forme des cloisons très rigides. On raconte qu'un Chinois inventa le papier en observant les guêpes. En broyant des morceaux de bambous et de mûriers, il obtint une pâte liquide. Il la filtra et la laissa sécher. Ainsi naquit la première feuille de papier. Cela se passait en Chine, en l'an 105 après Jésus-Christ.

Récit oral après lecture de Charlotte, 9 ans, en CM1.

« *les guêpes, elles ont comme nid... elle veulent transformer de la bouillie... en Chine, eh ben... en 105, y avait une personne qui s'appelait... elle voulait transformer de la bouillie pour donner aux guêpes parce qu'elles n'avaient pas à manger...* »

Notre première explication avait été la mise en cause d'une dysrégulation de la dynamique blancs/entremots* et nous avions élaboré une stratégie thérapeutique qui avait donné d'excellents résultats, permettant la réussite aux examens universitaires, rétablissant une consommation lexique normale, balayant même toute tendance suicidaire chez un adolescent.

Le deuxième temps surviendra à partir des propos pour le moins étranges d'une jeune fille de 14 ans, Camille, en quatrième, qui se plaignait de ne pas comprendre les consignes écrites, d'être contrainte de relire plusieurs fois pour comprendre, gênée dans toutes ses activités scolaires jusqu'à faire une dépression, en sixième. Elle résumait ainsi ses difficultés :

« Je comprends sans comprendre, je cherche plus que le sens, comme un sens plus profond que le premier sens... »

À partir des cas princeps de Venceslas[15], Lucile, le Saint-Cyrien, nous avons défini le découplage déchiffrage/sens. Nous avons vu qu'il n'y avait aucune corrélation entre une lecture oralisée correcte et l'accès au sens et que leurs relations n'avaient rien de logique : un déchiffrage parfait pouvait coexister avec un non-accès au sens et une mauvaise lecture oralisée n'interdisait pas la compréhension du texte.

C'est encore un patient aphasique qui va nous aider en ce point, en nous permettant d'introduire l'existence d'un modèle (a) fantôme et la notion d'allègement du poids des mots.

Monsieur Justin, que nous avons déjà rencontré, a 47 ans. Il a fait un accident vasculaire cérébral à la suite d'une dissection de la carotide gauche et a développé une aphasie sévère. Je le rencontre quatre ans après l'incident, et après une rééducation orthophonique classique soutenue.

---

15. Gisèle Gelbert, *Lire, c'est aussi écrire*, Paris, Odile Jacob, 1998, p. 247-249.

La plainte principale, malgré les progrès pour la parole, est qu'il n'arrive absolument pas à lire : il peut reconnaître dans un texte les mots proposés oralement, mais cela ne lui permet pas de lire. Il est pris en rééducation et le travail aphasiologique a assez rapidement autorisé la lecture ; il dit que c'est grâce au « taratata ». Par ce mot, il décrit la parole informe, ou parole ventriloque, que j'adopte pour parler, lire ou proposer des mots à reconnaître dans un texte, tout en lui demandant de m'imiter – de parler comme moi.

Comment fonctionnait-il et comment expliquer cet effet de la parole informe ? Lors de la proposition orale d'un mot et l'incitation à le retrouver dans le texte, il se mettait en situation de dictée et « écrivait » ainsi le mot recherché et reconnu ; il éprouvait le besoin de réécrire le texte inerte*. Il se replaçait ainsi dans la situation originelle : tout texte écrit supposait avoir été la transcription d'un oral, mais ce produit oral était tombé dans la virtualité. Il a apparemment été effacé, mais il est en fait devenu un objet virtuel, c'est-à-dire ayant la possibilité d'être revivifié dans certaines situations. À la différence des circuits virtuels (qui partagent les mêmes caractéristiques d'être apparemment effacés, mais pouvant être revivifiés), ici c'est le produit qui est virtuel et non le circuit. On se rapproche de cette situation initiale – obligatoire puisque tout vient de l'oral – lorsqu'on suit du crayon en lisant ; la virtualité est derrière le crayon. Il se met en situation de dictée, comme s'il écrivait ce texte à partir de ce modèle oral premier initiateur, qui prenait ainsi une existence réelle. La présentation en informe allège le mot en en estompant les contours de formatage oral et le repousse dans la virtualité, ce qui normalise la situation.

Après Monsieur Justin, nous avons approfondi cette virtualité et nous sommes arrivés à la description du modèle (a) fantôme qui, nous le verrons, jouera un rôle très important. Il nous permet d'individualiser ce que nous décrivions comme « proposé oral originel », ayant donné naissance au texte inerte proposé et qui doit être passé à la virtualité, acquérant ainsi un allègement, une certaine légèreté.

Ainsi le (a) fantôme est la représentation mentale orale du proposé supposé avoir « dit, puis écrit » le texte inerte, mais ayant obligatoirement passé à la virtualité. Nous l'avons figuré dans notre schéma des virtualités[16], mais nous allons repréciser son inclusion dans le fonctionnement.

____

16. Gisèle Gelbert, *Parler, lire, écrire, op. cit.*, p. 146.

Commentons les schémas suivants.

Parole entendue, comprise, répétée

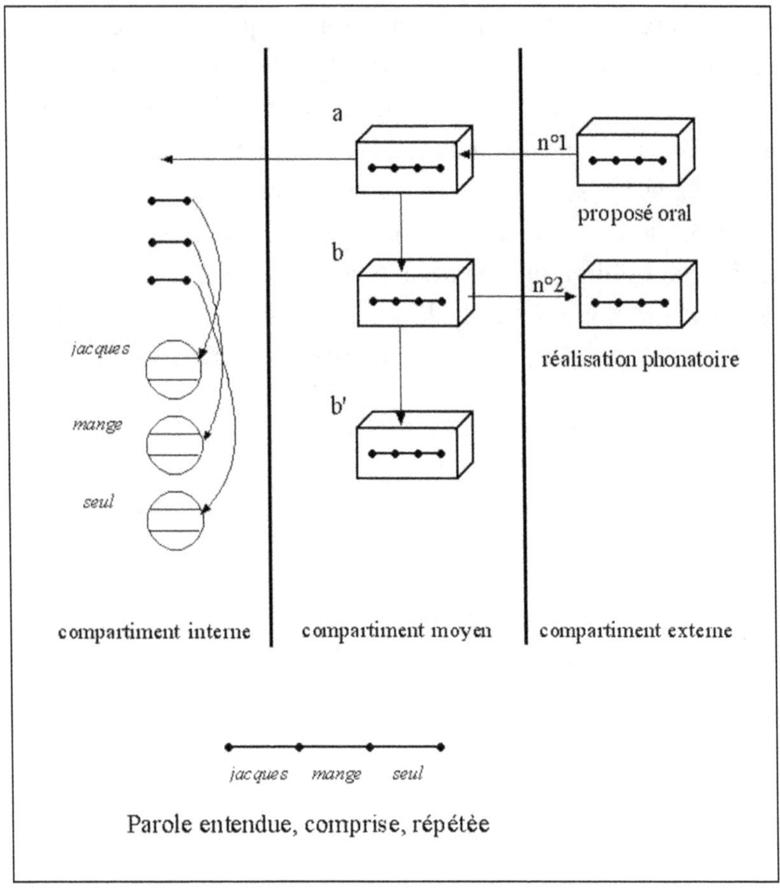

Le proposé oral, figuré comme une succession de mots séparés par des entremots (arrêts non physifiés), entre dans le compartiment moyen où il donne le modèle (a), représentation mentale orale, identique en oral « muet » au proposé oral extérieur ; ce proposé est une phrase faite de mots qui se sont allégés pour pouvoir être intégrés dans la phrase,

il déploie deux antennes,

l'une descendante, donnant naissance au modèle oral (b) qui se présente en fidèle image du (a) et ayant pour vocation de persister alors que le primum movens *extérieur s'est éteint – et donc est une véritable représentation,*

l'autre entre dans le compartiment interne et donne le sens, et une fois accompli le mécanisme inconnu de la « livraison » du cognitif convoyé, va se disloquer et libérer les mots, qui retrouvent leur poids et vont rejoindre les sosies – qui constituent le lexique – sosie en trois couches : image ou concept, formatage oral, formatage écrit. Précisons que l'accès au sens ne se fait que par le modèle (a) (et le (a) fantôme) et exceptionnellement par le (c) – voie qui peut s'ouvrir en pathologie,

le modèle (b) a imprimé son treillage sur le modèle (b') vers lequel il a lancé une antenne (le treillage figure la succession de l'emplacement des mots et entremots).

Parole spontanée

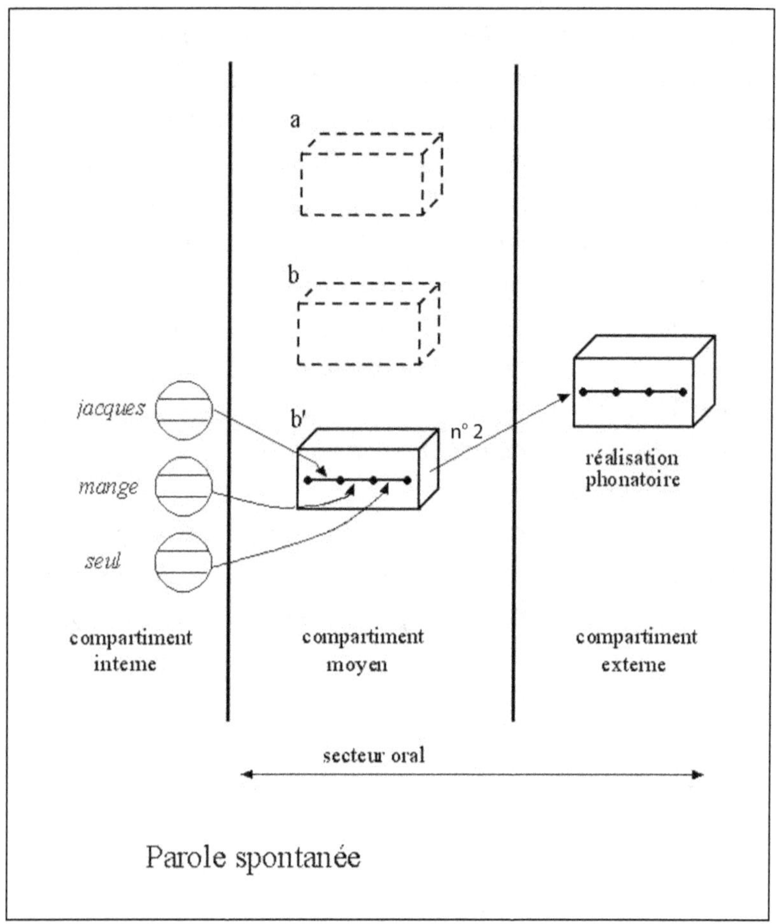

En spontané, les sosies rejoignent le compartiment moyen et se logent dans le treillage du (b') avec intervention des outils grammaticaux et des apports de l'intuition syntaxique de la langue, et ce (b') sortira par le circuit n° 2 pour donner la réalisation phonatoire.

Installation d'un texte inerte

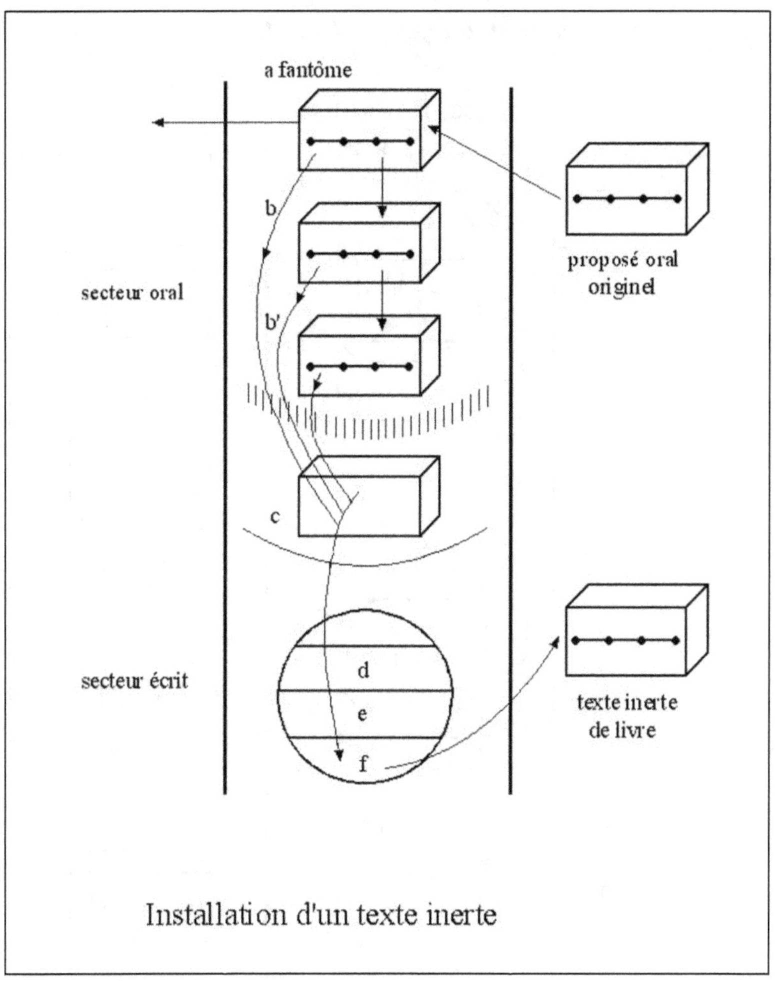

Le modèle qui a donné naissance au texte devenu inerte, a suivi le même chemin, mais est devenu virtuel et est devenu un (a) fantôme. À part la virtualité, ce (a) fantôme a les mêmes qualités que le (a) provenant soit de la parole du sujet, soit de celle d'un interlocuteur. Par contre il diffère

du (a) provenant de sa lecture oralisée, car ses entremots sont vierges alors que ceux du (a) issus de la lecture oralisée, ont déjà accouché des blancs de l'écrit.

Lecture oralisée

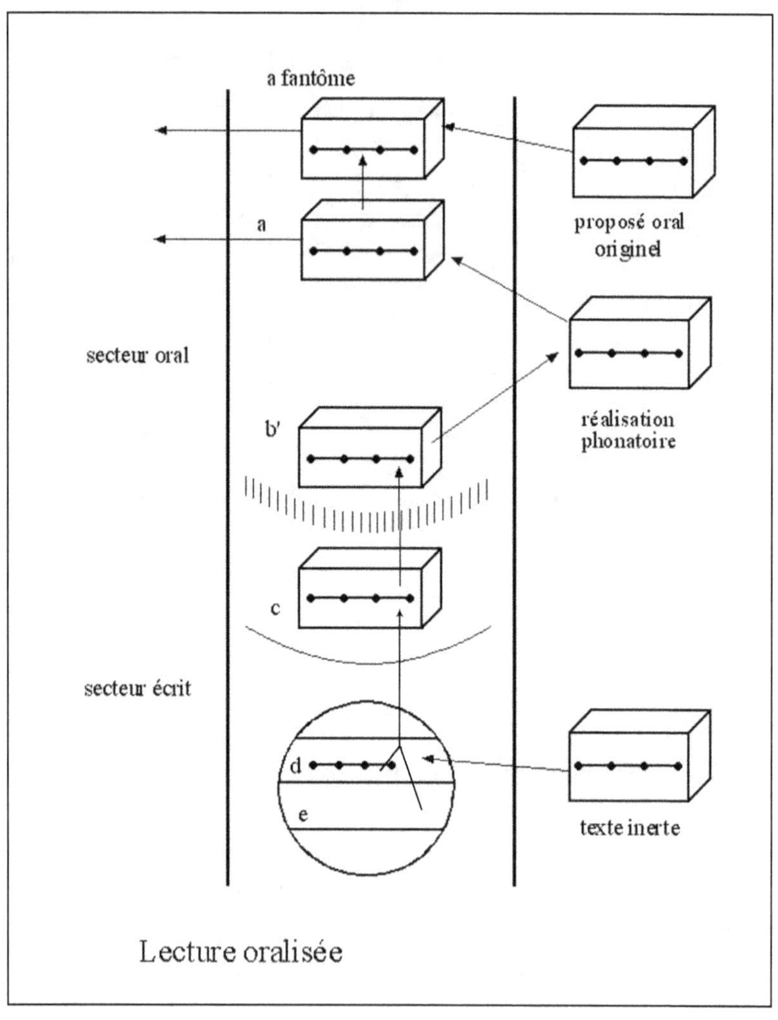

De plus, le (a) de dictée ou de simple parole, non seulement contient des entremots vierges mais de plus doit naturellement disparaître – si nous souhaitons faire un effort spécial de mémoire, nous avons recours au maintien prolongé du modèle (b). Le (a) fantôme, origine archaïque du texte inerte, ne disparaît pas, il passe en virtualité.*

Le (a) fantôme a pu se pérenniser en restant virtuel, il est un témoin. Le (a) a pour fonctions, soit accéder au sens, soit être répété (il donne b/b' et sort), soit descendre et donner de l'écrit : dans tous les cas, il doit disparaître.

Un texte obtenu en dictée, tant qu'il est au bout du crayon n'est pas inerte, il le devient ou peut le devenir s'il y a un contrôle qui entraîne un ralentissement et qui pour un coma de différence de vitesse peut devenir inerte. C'est dès qu'il n'y a plus d'oral qu'il y a un (a) fantôme.

Donc en lecture, toute compréhension du texte passe par le (a) fantôme pour entrer dans le compartiment interne. Lorsque la lecture est oralisée il faut que se produise un accolement entre le (a) fantôme et la production lexique du déchiffrage, le nouvel (a) propre. En lecture silencieuse, il y a un (a) alias interne. Tous ces (a) déploient une antenne qui va au sens.

Lecture silencieuse

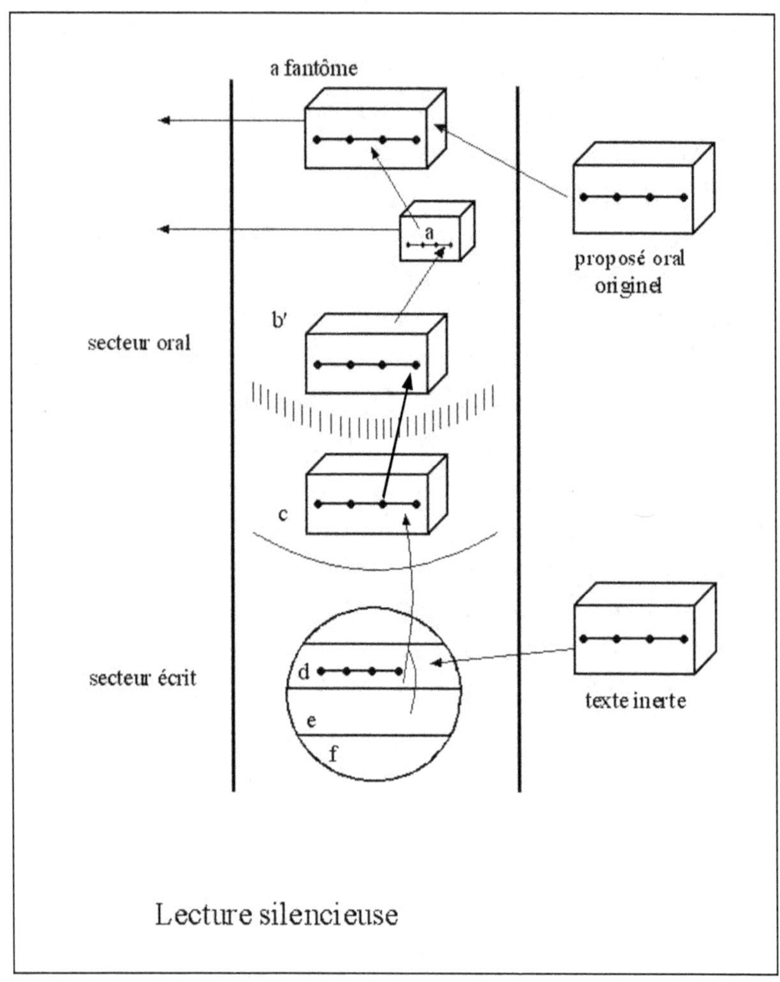

Camille comprend quand elle lit, on peut donc en déduire que l'entrée au sens se fait, mais elle a une sensation d'incomplétude. Ceci provient sans doute d'un accolement anormal, peut-être résultat d'une dissociation entre ces deux (a). Les entremots du (a), issu du déchiffrage, proviennent des blancs de l'écrit et sont donc différents de ceux d'une phrase d'oral, qui ne sont que « gros » d'écrit, potentiellement chargés d'un écrit qui ne s'est pas encore exprimé. Les entremots du (a) fantôme sont ceux d'une même phrase d'oral, vierges de tout écrit, mais ayant passé à la virtualité.

Le produit de lecture « se faisant » monte par le circuit n° 5 et va au (b') d'où il sortira en lecture oralisée, mais de toute façon, du (b'), indépendamment de toute sortie, il y aura un accès au (a) fantôme et un accolement pour aller au sens conjointement. Il faut dire que lors de la lecture silencieuse, il y a production d'un (a) propre intérieur silencieux, équivalent du (a) propre extériorisé en déchiffrage oral. C'est ce (a) propre intérieur silencieux, un alias, et ce (a) propre extérieur (le premier n'étant vraiment exprimé que si la lecture reste silencieuse) qui vont au sens par leur antenne, mais en même temps qui se sont accolés au (a) fantôme et ont aussi utilisé l'antenne propre du (a) fantôme pour aller au sens.

Le *sens superficiel* serait ce (a) propre (extériorisé ou silencieux intérieur) qui n'irait pas s'accoler au (a) fantôme et qui n'entrerait au sens que par une seule antenne. Le *sens profond* serait obtenu par l'accolement conjugué des antennes du (a) fantôme et du (a) propre vers le compartiment interne.

On peut simplement dire que le produit de lecture ne s'accole pas au (a) fantôme, ou qu'il s'arrête en (b') et ne pousse pas jusqu'au (a) fantôme.

Plusieurs hypothèses donc : l'entrée isolément au sens, de ce (a) propre nouveau le rend-il moins apte à se disloquer dans le compartiment interne ? Avait-il besoin du (a) fantôme, originel, pour être cadré et entraîné à la dislocation ? Ou encore, ce (a) nouveau, chargé d'écrit, vient-il contrarier la vraie disposition de l'oral à entrer au sens avec uniquement une potentialité d'écrit et non son expression déjà faite ?

Si l'on rapporte l'impossibilité à comprendre un texte qui vient d'être lu syllabé, après un « ping pong » (syllabes frappées sur tout le texte), avec ce commentaire : « Je n'ai rien compris du tout, je n'ai pas pu réfléchir », on peut comprendre l'anomalie de ce (a) de la lecture oralisée. En quelque sorte, la coupure en syllabes reste physique, n'est pas trans-substantiée en sens linguistiques et donc ne peut aboutir à un sens sémantique, reste une sorte de serpentin de syllabes, coupures physiques du flux. Voici l'exercice conçu pour pallier cette anomalie :

Exercice du sandwich
lire normalement
gymnastique
lire informe
lire normal
§§
gymnastique
lire normal
lire informe
lire normal

Et voici les enchaînements pour Camille :

Premier enchaînement
Nx2
dode
cadastre
courbé sous la tempête
gymnastique
relire
sauté sur bande
glissé sur bande
questions

Deuxième enchaînement
une phrase en dominique
l'écrire en silence
la gymnastiquer sur le texte
la cadastrer
sauté sur bande
glissé sur bande
dire le même texte hors vue
le remontrer écrit
moi : lire le texte en informe
lire le texte normal
elle : idem
demander le sens.

Exercice du fantôme
dire une phrase hors vue
l'écrire, moi, en la disant puis la faire lire.

Troisième enchaînement

faire reconnaître des mots dans le texte, proposés en informe

lire alterné moi/elle en informe

dominique

ping pong

tennis

jogging

lire

2. Comprendre, certes, mais comprendre quoi ?

L'Ours, un géant pas si tranquille, Pierre Pfeffer,
illustrations Frank Stephan © Éditions Gallimard Jeunesse.

A. PATRICIA ET LE POIDS DES MOTS

Je propose à Patricia de m'écrire un texte à partir de cette image, je recommande bien de ne pas faire une énumération, mais de raconter une histoire.

Voyez ce qu'elle a produit... (document p. 67) : une énumération... Je lui rappelle la consigne et que me dit-elle ?

« Mais je ne peux pas, c'est seulement une image, je ne peux pas en faire une histoire. »

Elle ne m'a donné que des mots (le nom des détails de l'image), et n'a pas pu faire une phrase, c'est-à-dire organiser une pensée avec un déroulement. L'éclairage de la linguistique guillaumienne nous aidera à interpréter cette juxtaposition de mots qui remplace une organisation de phrases pour exprimer une pensée.

L'image est dans le sens portrait
Au premier plan on voit un gros ours de couleur marron, à quatre pattes qui marche sur la neige, ~~Derrière~~ du côté droite de ~~la photo~~ l'image. Et à gauche derrière lui, il y a un tente verte.

Texte sur l'image de l'ours p. 65.

Quelques extraits des leçons
de Gustave Guillaume[17]

« La pensée, en instance de discours, saisit les mots à l'état distinct. Pendant que la phrase se construit, ils perdent leur individuation : elle cesse de se marquer pendant un court instant ; puis les mots quittent le discours où ils ont fusionné en phrase, retournent à la langue qui, par système, les fait en elle distincts. L'unité de sens de la phrase est intégrante et prévalente, mais éphémère. » « La séparation des mots est un fait profond de pensée : que le discours parlé note faiblement, que le discours écrit note beaucoup mieux. » « La pensée = des mots et un instrument qui les œuvre en discours. » « La séparation en mots est un fait de pensée inscrit dans l'écriture sans que celle-ci ait recours à la médiation de la parole. Elle est un fait d'idéographie : l'écriture opère directement à partir de la pensée sans recourir à la médiation de la parole. »

Nous avions dit que les mots, lorsqu'ils s'intègrent dans une phrase, doivent perdre une partie de leur individualisation et nous avons traduit cela en disant qu'ils devaient perdre une partie de leur poids, qu'ils devaient s'alléger. La phrase ainsi constituée, organisée pour exprimer une pensée, va se disloquer en entrant dans le compartiment interne pour redonner les mots constitutifs, qui redeviennent lourds, et vont rejoindre ce que nous avons appelé les « sosies » : ce sont les briques de la pensée, le lexique, matériau assujetti à la mémoire. Les mots sont lourds dans le compartiment interne et légers dans le compartiment moyen et dans les issues hors

---

17. Collectif, *Leçons de linguistique de Gustave Guillaume, 1942-1943*, Québec, Presses de l'Université Laval, et Paris, Klincksieck, 1999.

le corps – sauf utilisation artificielle d'une expression en mots ou d'une pathologie. Ce moment, entre l'accès au compartiment interne du (a) étranger ou du (a) propre issu du déchiffrage et la dislocation, avec retour au bercail des mots, nous paraissait être le moment de la conversion en pensée et de ce fait hors de notre compétence, relevant d'une opération peu connue, voire mystérieuse.

Mais avec la rencontre de deux ou trois cas, il m'a semblé qu'une parcelle de cette zone pouvait être explorée avec nos instruments. Nous allons nous y aventurer...

B. GERTRUDE, UNE ADULTE HANDICAPÉE AVEC DES TROUBLES DE TYPE APHASIQUE

Gertrude est âgée de 29 ans lors du bilan. Elle présente un retard global, non étiqueté, malgré les nombreuses consultations spécialisées : l'autisme est récusé et on retient une « origine psychologique ». Elle a été déscolarisée et reste dans une structure familiale avec orthophoniste, institutrice et pratique de l'équitation. Les résultats ont été tout à fait satisfaisants, tant sur le plan de l'épanouissement que des acquisitions linguistiques minimales de base, mais avec toujours une interrogation sur les difficultés persistantes pour lire et transcrire. Sa parole ne présente rien de particulier. La lecture est acquise mais présente quelques anomalies (lecture par mot en syllabant, alternant avec une production correcte). C'est la transcription en dictée (p. 70) qui mettra en évidence de façon nette des éléments pathologiques caractéristiques : coupures indues de mots, omissions, confusions sourdes/sonores, paragraphies – associés à des fautes du registre de la dysorthographie.

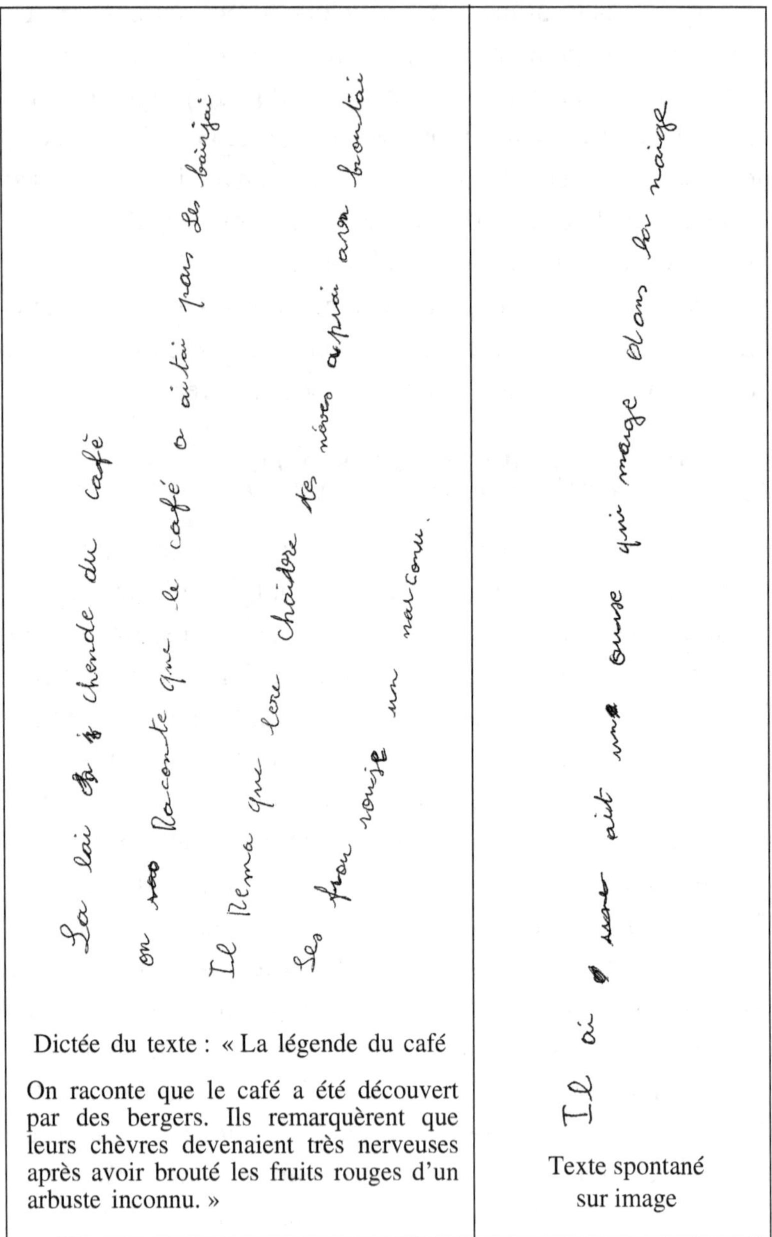

Dictée du texte : « La légende du café

On raconte que le café a été découvert par des bergers. Ils remarquèrent que leurs chèvres devenaient très nerveuses après avoir brouté les fruits rouges d'un arbuste inconnu. »

Texte spontané
sur image

Le texte spontané (p. 70) et le résumé après lecture (ci-dessous) sont très réduits et peu aisés, tout en présentant les mêmes anomalies.

Le récit après lecture a une tonalité très particulière. Il fait apparaître quelque chose qui n'est pas le découplage et qui rejoint ce que dit son père : elle ne peut pas avoir un suivi dans les idées, elle dérape et on a l'impression qu'elle n'a rien compris.

Résumé écrit après lecture

Texte : Dans certains déserts d'Afrique, à cause du soleil très chaud, des lacs salés ont séché et ont laissé des croûtes de sel ou donné un goût salé à la terre.

De quoi s'agit-il alors ?

Lorsqu'elle lit, elle couple bien et arrive au sens, mais nous nous trouvons dans cette opération qui précède la dislocation, sur laquelle je dis ne rien savoir. On rejoint ce qui a été dit sur le commentaire d'image : elle ne peut pas raconter d'histoire sur une image, elle ne peut faire qu'une énumération, c'est-à-dire qu'elle ne peut dire que des mots.

Pour atteindre le but du langage qui est communiquer, il ne sert à rien de produire des syllabes, ni de dire des mots, mais il faut dire des phrases avec au moins deux mots, mais au moins trois phrases pour jeter les fondements d'une pensée et d'un déroulement chronologique. Il s'agit d'une sorte de préalable, de savoir qu'avec les mots on peut faire une phrase, donc penser.

Gertrude perd le fil pour rendre le texte lu, car il y a une anomalie à l'arrivée du (a) en compartiment interne, avant la dislocation en mots. Il lui faut avoir saisi que ces mots intégrés dans le flux oral, et qui doivent s'en dégager, n'existent hors le corps que pour être intégrés dans une phrase, c'est seulement leur vie intérieure qui est en mots – dans le compartiment interne.

Donc, dès avant l'organisation globale en pensée développée, il y a cette déclaration de soumission du mot à la phrase et sa non-existence en tant que mot isolé avant d'avoir rejoint le sosie. Nous allons pouvoir penser la surdité verbale *versus* la compréhension verbale. Cela veut dire que l'on peut pathologiquement faire ressortir cette construction, ce passage du mot en phrase. Nous avons déjà décrit cette nécessité d'allègement en envisageant la sortie, mais ici il s'agit de l'entrée.

Nous avons vu cette jeune fille qui ne pouvait pas séparer la pensée qui se déroule, de l'image : une seule image, qui ne donne qu'une pensée en mot, c'est-à-dire non exprimée, c'est-à-dire un « lexique » de « sosies », ce qui n'est pas fait pour vivre en langage. Alors qu'elle pense et parle normalement, fabriquant ainsi elle-même de la pensée, elle révèle un vice de fonctionnement qui n'apparaissait pas. L'exercice dit « des trois phrases » montre une pensée minimale se faisant, ce qui est sous-jacent à une parole normale. L'expression verbale des trois temps d'une action, non réversible (prendre une pomme, la couper en quartiers, l'éplucher, la manger) met au grand jour cette mobilisation des mots pour faire une phrase, une pensée amorcée.

Devant l'image, le mot devient exagérément prégnant et montre le dessous des choses. Autant dans la parole courante il n'y a aucun problème pour faire des phrases, autant ici, aux origines, on montre que cela n'est pas saisi. Dans le découplage, nous avons mis en évidence une problématique du (a) fantôme : l'entrée de la production orale de la lecture (le (a) propre) en compartiment interne ne se faisait pas en s'accolant avec le (a) fantôme.

La problématique actuelle est en ce point d'arrivée, qui reste de ma compétence. Il s'agira de saisir que la phrase doit rester telle, avec des mots légers intégrés, avant de les avoir lourds pour se disloquer et rejoindre les sosies. Il conviendra aussi de saisir que la phrase doit s'organiser au moins en trois volets pour véhiculer la pensée, ne pas se laisser obnubiler par les mots dans la phrase. Il faut donc secouer le bocal : il y a entrée, et l'ouverture est obstruée par les mots trop lourds, donc Gertrude n'accède pas à l'organisation, les mots ne cèdent pas la place. La thérapeutique que nous proposons sera la suivante :

hors vue

explication

lecture et demande de récit

lecture à deux en informe, puis alternée

poids des mots.

Gertrude doit donc se libérer du poids des mots pour accéder à l'organisation de la pensée. Elle dispose de cette organisation à l'oral, mais ce vice caché pourrait entraîner une gêne.

C. THIBAULT, COLLÉGIEN, LIT MAIS NE COMPREND PAS TOUT

Thibault est âgé de 11 ans, il est en sixième. Un diagnostic de troubles de type aphasique a été porté en fin de CM1 ; 40 séances de travail aphasiologique sont entreprises, mais les troubles de compréhension persistent, avec ce qui paraît être des troubles de l'évocation.

Ce qui frappe dans les résumés après lecture (p. 75), ce n'est pas tant un accès au sens, qui s'avérerait impossible, mais surtout l'incohérence et la survenue de détails inventés. Ceci ne plaide pas en faveur d'un découplage tel que nous le rencontrons habituellement.

Le proposé oral (le déchiffrage de sa lecture oralisée) entre dans le compartiment moyen, s'accole au (a) fantôme normal, mais il va buter dans le goulet d'entrée au compartiment interne. C'est ce moment où, au lieu d'entrer en mots allégés, contenus dans une phrase porteuse de sens, les mots deviennent lourds prématurément, comme ils doivent le devenir *in fine*, lorsque la phrase se disloque et qu'ils tombent dans le compartiment interne vers les sosies.

Pourquoi ces mots ne changent-ils pas de poids comme ils le devraient et au moment où ils le devraient ? C'est déjà parce qu'ils ne sont pas normaux lorsqu'ils proviennent du déchiffrage : ils sont allégés et anormaux. Leur anomalie est le non-contrôle, la non-régulation du changement de poids.

> Il y a des personnes qui manquent d'eau et de sel.
>
> Ils ~~remplac~~ échangent des cannes à sucres contrent de
>
> l'argent.
>
> Récit écrit après lecture de ce texte
>
> « Dans certains déserts d'Afrique, à cause du soleil très chaud, des lacs salés ont séché, ils ont laissé des croûtes de sel ou donné un goût très salé à la terre.
> Le sel est précieux pour les habitants du désert. Ils cassent et découpent des plaques de sel et les transportent à dos de chameau jusqu'au marché le plus proche.
> Autrefois ils les échangeaient contre de l'or et des esclaves. Il y avait même des pièces de monnaie en sel. »

Un proposé oral identique, une même phrase produite extérieurement, a la même apparence que le produit de son déchiffrage, mais il ne subit pas le même sort, car il ne présente pas la même anomalie.

Nous avons ainsi situé le lieu du problème à résoudre : le goulet de l'entrée au compartiment interne et la nature de ce problème : la santé des mots qui s'y présentent.

Où avons-nous vu mis en œuvre ce changement de poids ? Dans le compartiment moyen, lors du passage du sosie vers (b'), modèle dans lequel va se constituer la phrase, avec les outils grammaticaux et selon l'intuition syntaxique. Et comment avons-nous pu agir pour forcer l'allègement ? Par l'informe, qui ne peut agir que sur l'oral.

Reprenons le mot à partir des propos de Patricia devant une image. Le sens est bien identifié, retrouvé sur un détail de l'image (par exemple : arbre, tente, ours). Ce mot est un attelage sens/formatage oral. L'entrée en linguistique d'un formatage oral, par son rattachement à un sens est sa trans-substantiation – il a quitté son statut uniquement physique de succession d'individus acoustiques. Dans la surdité verbale cet attelage se défait – totalement ou partiellement, constamment ou de façon variable. La transsubstantiation du formatage oral est la formation de l'attelage.

Dans un deuxième temps, ce formatage oral a donné naissance au formatage écrit – qui sera, par ce biais, attelé au sens. En passant à l'écrit, la séparation des mots par les blancs en rehaussera la présentation. Le poids des mots est ainsi accentué. Il faut que cette régulation de l'attelage soit parfaite lorsque naît l'écrit et lorsqu'il va retourner à l'oral : il faudra que l'écrit se défasse du poids des mots, qu'il a apparemment autorisé. La pleine apparition des mots à l'écrit permet l'expression pleine du sens et le sens va en quelque sorte se libérer partiellement de son formatage oral – il s'agit ici aussi d'un processus de prise de poids *versus* allègement. Le sens est plus lourd, il y a une modification de la répartition des poids par rapport à l'attelage initial.

Le (a) fantôme – à supposer qu'il ait dû être normal pour donner un texte inerte de référence – résultait d'un attelage aux forces équilibrées dans le génie de la langue. Quand il déchiffre, l'équilibre se rétablit – sauf à parler des différences entre les entremots, vierges ou accouchés.

Normalement, à l'entrée au compartiment interne, après livraison du sens, il y a dislocation et bascule du poids avec des mots lourds.

Qu'entend-on par « lourds » dans l'attelage ? C'est la plus forte prégnance du sens, de l'image ; « lourd » c'est-à-dire pouvant s'individualiser impunément dans la phrase même, où il s'était fondu. Serait-ce que les mots retrouvent l'expression de leur potentiel d'écrit ? Reprenons le cheminement des (a).

Le (a) fantôme est fait de mots légers dans une phrase avec des entremots vierges ; leur potentiel d'écrit va se réaliser en donnant le texte inerte.

Le (a) du déchiffrage est fait aussi de mots légers dans une phrase, mais avec des entremots accouchés ; il va s'accoler au (a) fantôme et l'entrée au sens se fait par leurs deux antennes.

En principe, l'accès au cognitif est délivré par les phrases, puis il y a une bascule avec dislocation et les mots redeviennent lourds, mais par quoi cela se traduit-il dans l'attelage ? Qu'est-ce qu'un mot sorti de sa phrase sinon un mot écrit, puisque c'est l'écrit qui va montrer le mot en l'isolant ?

Le mot « lourd », est-ce un mot qui a ajouté dans l'attelage le formatage écrit, qui était seulement jusque-là une potentialité, qui devient « réelle » ? Une réalité à redéfinir. Cependant, même si nous sommes tentés par le terme de virtualité, nous le récusons, il n'est pas question de cela ; il y a d'ailleurs toute une réflexion à mener, potentialité *versus* virtualité.

Quand le formatage écrit se réalise, il récuse totalement la solitude en appelant un autre mot après un blanc.

Chez l'enfant qui n'a pas l'écrit, il y a dislocation et accès au sosie avec seulement deux couches : image/formatage oral. Donc l'explication du changement de poids par la réalisation de l'écrit ne vaut pas pour l'enfant. Les mots sortent bien individualisés de la dislocation et réintègrent les sosies, sans avoir besoin de la réalisation de leur potentiel d'écrit. Néanmoins, ils sont lourds et proviennent d'un changement de poids ; seule la parole informe nous fait bien préciser ce que peut être cet allègement. L'allègement ne peut jouer que sur le formatage oral et s'obtient dans la parole informe. Il s'agira d'une dislocation trop précoce.

Mais en quoi consiste structurellement cette transformation du mot allégé en mot lourd – c'est-à-dire en mot indépendant, hors de l'emprise de la phrase ? Est-ce vraiment structurel ou simplement situationnel, environnemental, en raison de la dislocation, c'est-à-dire de l'extraction des mots ?

Ainsi, lorsque la phrase porteuse de sens, le proposé oral et sa représentation mentale orale, le modèle (a), va entrer au sens pour être comprise, puisque c'est sa seule raison d'être, nous pouvons délimiter *une sorte de sas* qui est le lieu où se fait cette transformation de la parole en pensée. Le processus sous-jacent est, je pense, en l'état actuel des connaissances, inaccessible et en tout cas en dehors de mes compétences, mais cependant ce sas, ce lieu où il se produit est explorable, de même que les signes visibles de ce changement de support. C'est la pathologie qui va nous permettre d'y accéder. Dans ce sas, la phrase convoie la pensée et se présente comme une succession de mots, allégés pour pouvoir y être intégrés, séparés par des entremots et organisés avec les outils grammaticaux et les positionnements inhérents à l'intuition syntaxique de la langue. En ce lieu, se fait l'accès au sens. Et c'est en sortant de ce sas, puis en entrant dans le territoire à proprement parler du compartiment interne, que l'on pourrait décrire comme celui du lexique, des sosies, que la phrase va se disloquer et libérer des mots lourds qui vont réintégrer les sosies correspondants.

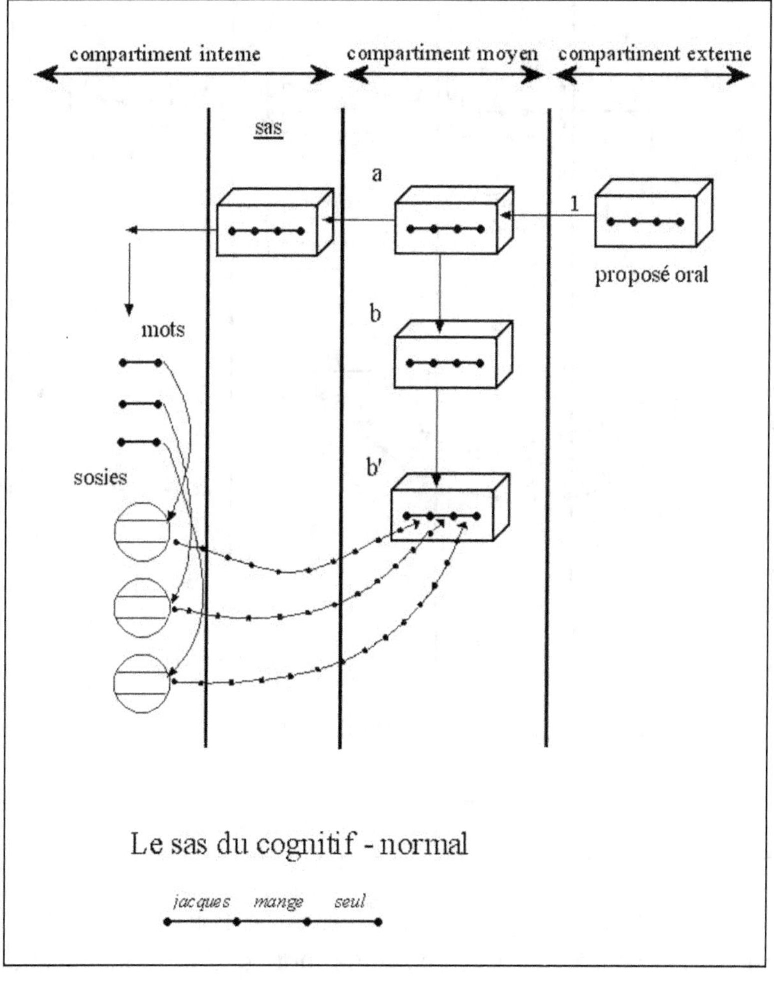

Or, il peut advenir, en pathologie, que la dislocation se fasse prématurément, déjà dans le sas, et que les mots y soient libérés dans leur statut « lourd ».

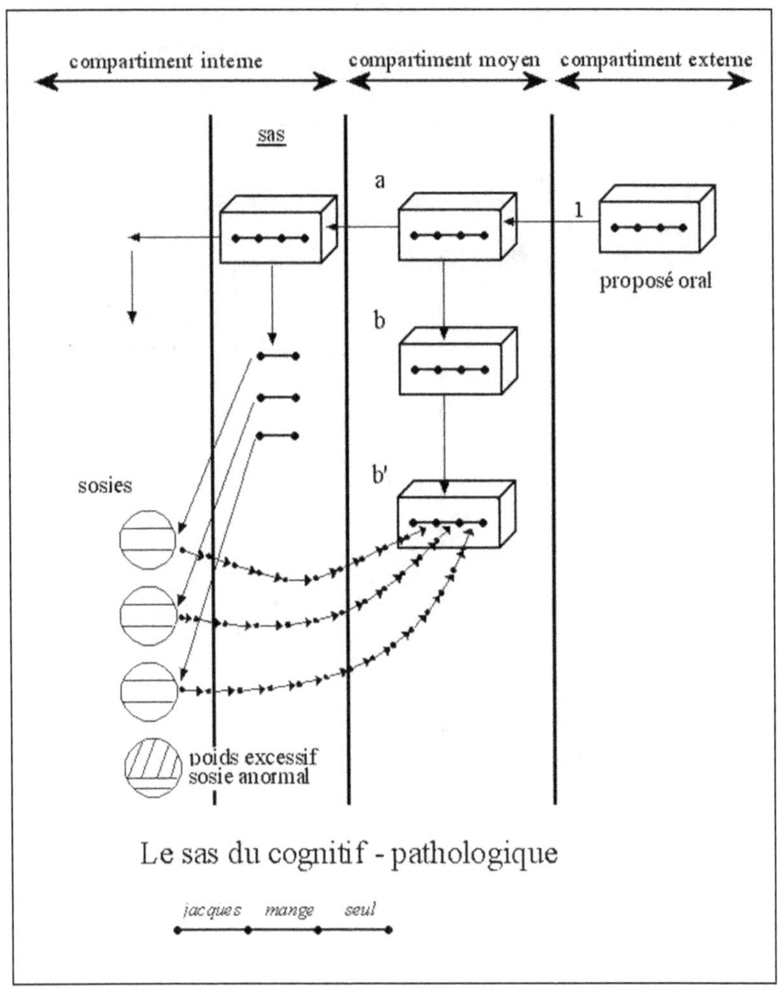

Ici, nous rejoignons Patricia qui ne pouvait pas organiser une pensée à partir des seuls mots que lui donnait une image. Donc les mots se disloquent trop tôt et par suite au mauvais endroit, puisque cet ensemble est dynamique. Il s'est donc agi d'un changement de poids prématuré. Est-ce ce phénomène de surpoids qui accélère le mouvement et qui fait que les mots ne peuvent être « tenus » ? Pour Thibault, nous parlons toujours de la lecture ; il faudrait agir à la fois sur le tempo et la régulation des mouvements et sur le poids du mot lui-même. Voici la thérapeutique proposée, elle comporte deux séries d'exercices, la première tentant de normaliser l'attelage des mots qui vont entrer, être déchiffrés, la seconde concernant le fonctionnement dans le sas :

1re série

lecture hors vue et explication d'un texte bref et simple
(agrémenté d'une illustration)
dominique sur le texte
gymnastique
nouvelle proposition de lecture hors vue
il lit le texte
je dis cinq mots du texte (des noms concrets) et je les y désigne
je les redis, il les désigne dans le texte
je les redis, les commente et désigne les détails sur l'illustration
le fantôme
il relit le texte
il en fait un topo écrit

2e série

une phrase dite hors vue
dominique
fantôme
dominique
exercice du serpentin

(autoroute courbée sous la tempête
avec des phrases en serpentin)
poids des mots
lecture informe
dictée informe

Avec le Dr House

Préambule

« Tu ressembles au Dr House (prononcé /ous/) », me dit Fernand à la fin de la consultation, à laquelle assistait son orthophoniste.

Je suis perplexe et ne comprends pas bien de qui il s'agit ; c'est alors que l'orthophoniste m'informe qu'il s'agit d'une série télévisée.

Je n'ai pas la télévision, mais comme elle s'insinue partout, même dans mon ordinateur, je visionne un épisode de la série, et je comprends. Il y a sans doute eu la blouse blanche et les yeux bleus, mais aussi et surtout les explications données à l'orthophoniste, analysant ses productions, élaborant une stratégie et essayant des hypothèses. Cet enfant avait eu l'intuition que les deux démarches se ressemblaient.

C'est pourquoi ce chapitre invite le Dr House : je présente des cas d'enfants ou d'adolescents, en difficultés de langage, d'apprentissage, de scolarité, venus vers moi après un long parcours infructueux et offrant des plaintes difficiles à préciser, vagues, mais persistantes, rapportées à la fois par l'école, la famille et le patient lui-même – et en tout cas suffisantes pour avoir motivé la consultation.

Il s'agit donc d'une véritable enquête diagnostique : faire ressortir les éléments qui me permettent de dire qu'il s'agit de troubles de type aphasique, puis pister, rechercher le comportement significatif, privilégié, qui me donnera la clé du dysfonctionnement. C'est-à-dire que, une fois dépisté, c'est son mécanisme qu'il faudra démonter et la thérapeutique qu'il faudra élaborer, tester et retenir *in fine* si les résultats sont là.

Nous allons donc donner la carte d'identité des troubles de type aphasique. Il nous faudra ainsi légitimer l'appellation, définir les terrains *adultes, enfant, en distinguant bien les « malades » – aphasiques à la suite d'un AVC – et les bien-portants – troubles linguistiques identiques mais sans lésion,* élucider leur fonctionnement à partir de la modélisation du fonctionnement linguistique normal.

Les troubles de type aphasique ouvrent le domaine des bizarreries… En effet, non seulement les anomalies majeures ne peuvent pas être guéries par les conduites rééducatives habituelles, mais encore elles défient toute analyse habituelle, logique, basée sur les connaissances de la conscience phonétique, de la mémoire, de l'apprentissage. Elles paraissent tellement anormales selon les critères habituels qu'on finit par les expliquer par des fonctionnements psychologiques ou encore qu'elles ne sont pas considérées comme significatives et ne méritent pas une attention particulière.

Essayons d'être « diagnosticien » comme le Dr House, et comme ce fin limier, flairons la piste et recherchons le comportement significatif (l'observation privilégiée) qui éclairera le tout et nous imposera la thérapeutique. Mais nous n'allons pas faire des essais thérapeutiques et retenir celui qui marche. Nous ne pouvons pas nous le permettre. Une fois le dysfonctionnement trouvé – et c'est là que nous nous rapprochons de House –, c'est-à-dire identifié comme pathognomonique des troubles de type aphasique, et inséré sur le schéma, nous allons appliquer la thérapeutique qui est univoque – elle ne dépend pas du terrain, mais de la localisation du dysfonctionnement sur le schéma.

1. Une fausse piste...
Colin

Colin me consulte une première fois à l'âge de 9 ans, alors qu'il est en CM1. Il est suivi par une de mes élèves depuis le CE2. Sans antécédents médicaux particuliers, il lui avait été adressé pour absence de résultats et persistance de ses difficultés lexiques et graphiques, malgré un suivi soutenu en orthophonie classique, psychomotricité, et orthoptie. Un diagnostic de troubles de type aphasique avait été porté et un travail aphasiologique entrepris. Après 33 séances, malgré la bonne réponse globale, la disparition des serpentins à l'écrit (agglomération de plusieurs mots en un seul) et la normalisation de la lecture, l'évolution n'est pas habituelle et les fautes résiduelles sont atypiques ; son orthophoniste ressent un « blocage » difficile à préciser.

Je relève des confusions de consonnes, inhabituelles à ce stade pour leur persistance : sourdes/sonores, p/t mais surtout b/d. Ces dernières confusions, en dehors des erreurs d'orientation lorsque ces lettres sont en script, nous paraissent les plus étonnantes – même en dictée épelée. Je m'en étonne au point de demander une vérification de l'audition : elle nous reviendra normale.

Deux ans passent, Colin est en sixième ; il y a toujours beaucoup de prises en charge (AVS[18], Sessad[19]), un bilan hospitalier concluant à un diagnostic de dyspraxie – sans aucune incidence thérapeutique. Le travail aphasiologique a été abandonné pour une rééducation logico-mathématique. Dans le cadre de cette reprise chaotique, un nouveau bilan hospitalier tranche en disant que devant les résultats catastrophiques, il faut envisager une orientation en Segpa[20]... On me demande à nouveau un avis pour rassurer la famille.

Je le revois à 11 ans, en sixième. Il se présente comme peu communicant, voire buté et opposant, avec une note dépressive – on ne lui arrachera un sourire qu'en parlant de rugby. On est très étonné de retrouver, deux ans après et malgré un travail ciblé, qui d'habitude donne des résultats, exactement les mêmes anomalies – *des « b » donnant des « d » et vice-versa*, en dictée ou en texte spontané. Ceci est d'autant plus étonnant que les autres confusions de consonnes ont pratiquement disparu. Je teste, par réflexe, la discrimination phonétique, sur un tableau : elle est bonne, de même la fluidité graphique est satisfaisante. Ma perplexité est grande et je pressens un obstacle inhabituel ; il est important de faire un diagnostic différentiel : s'agit-il d'un problème linguistique pointu nécessitant une réflexion approfondie, ou d'un processus neurologique hors d'atteinte (nous en avons

---

18. AVS : auxiliaire de vie scolaire.
19. Sessad : Service d'éducation spéciale et de soins à domicile.
20. Segpa : Section d'enseignement général et professionnel adapté.

rencontré quelques-uns), ou d'un processus psychoaffectif à préciser ?

Je reprends donc l'analyse et mets tout sur la table.

Le tableau actuel donne : une grande facilité à écrire, un piétinement cependant (rapidité du geste graphique contrastant avec le décalage qui s'installe en dictée) ; des erreurs en dictée, en l'absence des serpentins qu'il présentait au bilan, avec quelques paragraphies (*inconnu→ingun*), quelques confusions sourdes/sonores (*v/f*) corrigées spontanément au fur et à mesure, mais surtout ces confusions *b/d* (les deux consonnes étant écrites en cursive) : *berger → derger, broute → droute, arbuste → ardu, l'ombre → londre, blanc → dlanc, barbiche → dardiche, bleu → dleu, arbre → ardre*.

La substitution de *d à b* (ou vice-versa mais plus rarement) se fait sans aucune hésitation, aucun essai de correction. Il ne s'agit pas d'une incapacité, dont il resterait à démontrer le mécanisme autre qu'auditif (certains étrangers qui ne peuvent sonoriser en français), ni d'une incapacité motrice ni d'un problème d'orientation de la « bosse » lors de la typographie d'imprimerie ou en script : non, il ne s'agit ni de discrimination auditive, ni de discrimination graphique.

Nous nous orientons vers un mécanisme névrotique de conversion, greffé sur des difficultés initiales réelles – de confusions p/t et sourdes/sonores. Tous les abords antérieurs, surabondants et gratifiants avaient été axés sur les discriminations phonétiques avec des tests de reconnaissance sur des tableaux montrant ces oppositions de consonnes. Le fonctionnement névrotique aurait pu surinvestir cette opposition emblématique b/d, qui suscitait tant d'intérêt et lui permettait d'en faire son « cadenas », sa clé, permettant la manipulation de tous ceux qui gravitaient autour de lui. Cette hypothèse qui suppose des compétences psychiatriques, qui ne sont pas miennes, me paraît licite quand je rappelle le cas de cette fillette de bientôt 6 ans qui, jusque-là, en maternelle, ne pouvait pas prononcer le son « s » et donnait à la place une sorte de « hota », et qui, le jour où sa mère lui annonce qu'avant d'entrer au CP elle irait chez l'orthophoniste pour apprendre à dire les « s », annonce : « Mais non maman, je peux très bien dire : saucisson, sucre, salade, sauter... » Avant ce cas, je ne pensais pas que l'on pût trouver une conversion hystérique dans le cadre de l'articulation, je la connaissais bien en lecture – nous l'appelons le Harry Potter, avec une lecture se transformant sous l'effet de la baguette magique du petit sorcier, mais pas en parole, et pourtant...

Donc ici aussi, disons « et pourtant ! ». Et comme toujours dans ma pratique, c'est l'application de la thérapeutique découlant de cette analyse, et le résultat obtenu, qui me confirmera la justesse de l'hypothèse – audacieuse s'il en était !

Ainsi, Colin convertit les « b » en « d » systématiquement quand il les entend – il a donc dû affiner considérablement son appareil à discriminer phonétiquement dans les mots. Et nous sommes bien tombés dans le piège, les deux fois, en lui demandant de reconnaître les consonnes sur un tableau ! Dans le proposé oral de la dictée, il repère tout de suite les « b » et les transforme en « d » : sa discrimination phonétique, sa conscience phonétique est donc très mobilisée et très affinée.

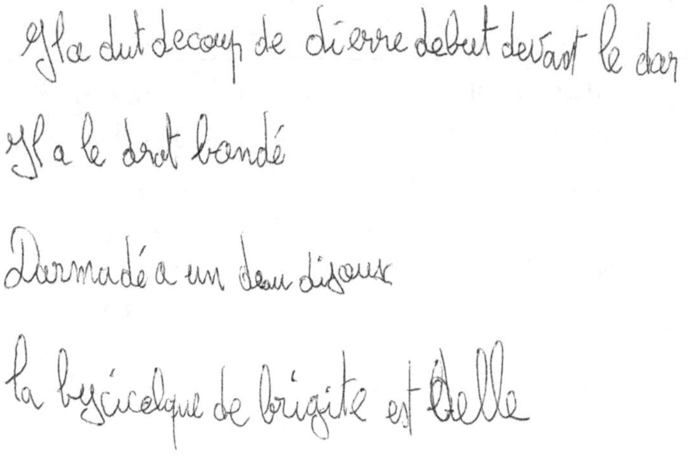
Il a dut decoup de dierre debut devant le dar
Il a le drat bandé
Darmadé a un deau dijoux
la bycicolque de brigite est delle

Texte dicté : il a bu beaucoup de bière debout devant le bar.
il a le bras bandé
barnabé a un beau bijou.
la bicyclette de brigitte est belle.

Voici la stratégie thérapeutique élaborée :

1. Nous allons montrer que nous n'attachons aucune importance aux discriminations phonétiques, dans tous leurs aspects : sonorité et mode d'articulation ; ainsi nous allons lui enlever une raison, un peu perverse, de nous provoquer – les exercices de discrimination phonétique font partie de l'activité des orthophonistes en classique, et les raisons d'une consultation chez nous étaient bien centrées sur ce problème de distinctions phonétiques.

Ainsi nous allons dire, faire répéter, puis écrire devant lui, en colonne :

DIRE (je dis) et faire répéter	ÉCRIRE (j'écris)
nerveuse	*nerfeuse*
avion	*afion*
voiture	*foiture*
jardin	*chardin*
poupée	*boubée*
pousser	*bousser*
tire	*pire*
pire	*tire*

Nous avons montré que nous sommes insensibles aux oppositions sourdes/sonores et aux différences de points d'articulation (p/t) et nous glissons les « b » dans une opposition sourde/sonore dont nous avons dit qu'elle nous importe peu.

Il est étonnant de voir qu'il est tout à fait aréactif et ne s'étonne pas de notre comportement et de notre transcription.

Nous voulons faire comprendre qu'il ne servira à rien de faire des fantaisies de transcription pour provoquer notre réaction pédagogique.

2. Une proposition de rétention silencieuse de mots avec des « b » et des « d », pour les laisser ne manifester que leur graphisme – puisque tout s'est cristallisé sur l'oralité qui va les transcrire :

Rétention silencieuse

il boude sur la dune
il bande le bras
de demis il embrasse
théatre demain on aura une délision en
desoin la boule blanche est battue

---

3. On va reporter cette aptitude de discrimination phonétique hyper-développée (les « b » sont repérés et transformés en « d ») sur un autre couple de phonèmes (« t et p » qu'il confondait au début), et sur les sonores :
– On prépare un tableau classique présentant les oppositions :

	t	*p*
puis	*ch*	*j*
puis	f	v

– on fait entendre un texte et on lui demande de montrer et taper du crayon sur un des phonèmes du tableau qu'il a entendu (par couple de préférence) :

> « *en a**pp**uyant sur sa **p**édale, le rémouleur entraîne une manivelle qui fait **t**ourner sa meule **p**uissante...* »
> « *les aubergistes sont **f**urieux mais le vo**y**a**g**e à **ch**eval ne dure plus que deux **j**ours...* »

4. On revient en montrant notre désinvestissement total de la discrimination phonétique :

– d'abord en reprenant la première liste ;

– puis avec une liste incluant les b/d, que nous avions évités jusque-là (il s'agit d'une présentation par moi, sa seule participation est de répéter, puis de regarder).

DIRE (je dis) **et faire répéter**	**ÉCRIRE** **(j'écris)**
auberge	*auderche*
pédale	*pébale*
bouger	*doucher*
bateau	*dato*
bruit	*druit*

5. Dictée d'un texte en « dictée zigzag », c'est-à-dire en l'écrivant devant lui, à toute allure, dans un tempo électrisé et en le disant, par phrase, puis en le lui « dictant » sous mon texte, en lui demandant de l'écrire à la même allure.

La dictée finale montrera une normalisation totale des anomalies. Et l'orthophoniste par la suite confirmera la pérennité des résultats.

Dictée finale

Nous avions mal interprété ces anomalies qui étaient en fait une conversion névrotique greffée sur un contexte de difficultés réelles, d'une surcharge environnementale pédagogique et affective et d'un fonctionnement psychologique manipulateur – dont la description n'est pas de notre compétence. Mais il reste de notre compétence de nous y soustraire, afin de pouvoir accéder à la réalité des productions linguistiques et à les « libérer ».

Les résultats obtenus ont démontré la justesse de l'analyse initiale et de l'hypothèse explicative, qui a entraîné l'élaboration d'une stratégie thérapeutique.

Ces successions d'enchaînements, qui sont seulement présentés et dans lesquels nous entraînons le sujet presque malgré lui, sont faites dans un tempo très rapide et montrent bien les caractéristiques de notre approche rééducative : il s'agit de mettre en marche et en bonne marche les circuits mis en évidence sur le schéma des fonctions linguistiques.

2. Une bonne piste…
Cyril

Cyril a 14 ans, il redouble sa quatrième. Depuis le CE1, l'école signale une grande lenteur, un retard aux apprentissages et surtout des difficultés d'écriture. De nombreux bilans sont pratiqués ; le QI est à 139 ; on met en évidence des difficultés d'écriture qui font préconiser une prise en charge en ergothérapie et l'utilisation d'un outil informatique adapté. On porte un diagnostic de « dyspraxie développementale d'origine visuelle et constructive avec une incidence péjorative majeure sur le graphisme (une créativité bridée par le repli qu'impose son graphisme mis à mal) ».

Son médecin n'est pas convaincu par ce diagnostic, pense à des troubles de type aphasique et me demande un avis.

Ses plaintes ne sont pas précises, en partie parce qu'il est désabusé et semble avoir renoncé. Il dit qu'il ne comprend pas ce qu'il lit, qu'il ne lit pas de livres, qu'il copie trop lentement ce qui est écrit au tableau, ce qui l'oblige à demander l'aide de ses camarades.

Pratiquons notre exploration en vue de deux diagnostics qui vont se succéder : peut-on mettre en évidence des supposés troubles de type aphasique ? Si oui, quel est le comportement linguistique privilégié dont l'analyse va nous permettre de comprendre le dysfonctionnement à l'origine des « plaintes ». Et nous permettre d'y remédier.

Nous rencontrerons tout au long de la rééducation une sorte de manque de confiance, non pas tant psychologique que linguistique : il a renoncé à tirer parti des bons fonctionnements et abandonne la partie. Mais ceci est loin de tout expliquer, au contraire, il est réactionnel et témoigne de la gêne insidieuse engendrée par les troubles de type aphasique, que nous allons décrire.

La lecture, dans le même état d'esprit, « pourrait » être tout à fait normale, mais montre de discrets ralentissements, qui ne sont pas significatifs, de même que les imperfections de la restitution du texte après lecture (le couplage déchiffrage/sens) ne témoignent pas d'un vrai découplage, mais du renoncement à mettre en œuvre le couplage. Cependant, ceci n'explique pas le dysfonctionnement.

Poursuivons : nous observons une écriture qui, à l'inverse de ce qu'on lui reproche – la lenteur – présente « un piétinement » : la progression graphique est assortie d'une grande fébrilité du poignet qui « s'agite » rapidement, en réalité il fait du surplace alors que s'installe un décalage avec le proposé dicté. Vitesse du geste graphique, contrastant avec la difficulté à suivre la dictée proposée à une allure normale, et installation d'un décalage. Ceci nous permet de poser le diagnostic de troubles de type aphasique. Nous allons poursuivre pour essayer de détecter la production pathologique qui sera à analyser et qui nous donnera la clé du dysfonctionnement et l'élaboration d'une stratégie rééducative, dont la réussite témoignera de la justesse de l'analyse.

Le voici, mis en évidence à l'écrit. En dictée et en texte sur image, à part ce piétinement, le graphisme et la présentation sont tout à fait normales. Par contre, la production graphique est altérée dans le résumé écrit après lecture et en copie, avec des changements d'orientation de l'écriture (droite ou penchée à gauche), ratures et reprises.

La légende du café.

On raconte que le café a été découvert par des bergers. Ils remarquèrent que leur chèvre devenait très nerveuse après avoir brouté les fruits rouges d'un arbuste inconnu. Tout étonnés ils racontèrent leurs aventures à des moines. Ensemble ils suivirent les chèvres et cueillirent quelques fruits de l'arbuste. Ils les firent sécher et préparèrent une infusion. À leur tour ils furent très excités et ne purent fermer l'œil de la nuit

Dictée

Un couple de chasseur est arrivé dans la forêt dans la nuit pour aller chasser des ours au levé de l'aube, un petit peu de temps avant de se réveiller un ours a senti l'odeur du dîner de la veille, il s'approcha discrètement pendant que le couple de chasseurs dormait dans la tente qu'ils avaient montés dès leur arrivée dans la forêt.

Texte sur image

Dans le désert il fait très chaud, le lac salé s'est transformé en cristaux de sel, Ce sel est important pour les habitants de ce désert, ils cassent les cristaux pour avoir des petits morceaux de sel. Autrefois les habitants échangeaient le sel contre des esclaves le sel était si précieux qu'il pouvait servir de pièce de monnaie.

Texte après lecture

Le grizzly mange beaucoup de baies et de petits animaux, comme l'écureuil rayé. Mais il s'attaque aussi au caribou ou au mouflon. Il les tue d'un coup de patte et cache leur carcasse sous des branches en attendant de la manger.

Copie

Un pas de plus à la recherche de comportements significatifs qui me serviront à focaliser mon analyse : je le ferai en tentant un exercice visant la correction du piétinement. Il s'agit de « sur l'autoroute, courbé sous la tempête » : à ses côtés, je dispose une feuille à côté de la sienne et nous traçons tous deux, chacun sur sa feuille, des traits horizontaux représentant l'autoroute, puis, en silence, j'écris très rapidement les mots d'une phrase (par mot ou par quelques mots) en écrasant totalement les lettres du mot – jusqu'à la limite de la lisibilité et je lui demande d'écrire comme moi, juste après moi. Je suis étonnée d'observer qu'il doit lire à haute voix le mot avant de l'écrire. Ceci n'est pas un comportement habituel : nos patients, le plus souvent, essayent de décrypter en silence ce que nous avons écrit, et s'il y a au début une tentative d'oraliser, elle cesse rapidement sur injonction. Dans le cas de Cyril, on s'aperçoit qu'il ne lui est pas possible de procéder autrement : il me regarde écrire, il dit le mot oralement puis l'écrit comme demandé, en écrasant les lettres.

Raisonnons et analysons, en traitant alternativement l'un ou l'autre des comportements privilégiés.

Premières constatations : quand il doit donner de l'écrit à partir d'un écrit (résumé écrit après lecture ou copie), cet écrit est malmené.

Puis, les lettres ne « rentrent » dans le mot, n'y sont intégrées que quand elles sont dites, c'est-à-dire que quand elles ont « rendu » leur oral (piétinement en dictée et oralisation impérieuse dans l'exercice de l'autoroute).

Normalement en lecture, le texte inerte fait remonter au (a) fantôme et entrer avec lui au compartiment interne – lieu du sens. Mais quand il doit écrire à son tour (résumé après lecture), il s'en détache et part du spontané, c'est-à-dire du cognitif reçu à partir de cette entrée qui était du convoyage de sens, association de la production orale de son déchiffrage lexique, (a) propre, et du (a) fantôme. Ce sera une nouvelle chaîne de production.

Reprenons le deuxième comportement privilégié. Rappelons les propos d'un patient : « Je vois un océan de lettres. » L'exercice « sur l'autoroute courbée sous la tempête », est fait pour faire rentrer les lettres dans le mot. La rapidité de l'exécution et l'écrasement des lettres vont apporter la force de leur manifestation physique pour forcer le mouvement linguistique qui « est s'écrivant » dans l'espace ; ceci va forcer les processus linguistiques, qui s'expriment aussi physiquement. Le linguistique « en pensée » va passer au domaine physique avec ses dimensions espace et temps, par la parole et l'écriture (utilisation des organes bucco-phonatoires et de la main).

Mais, semble-t-il, chacun a sa place dans la chronologie linguistique intérieure et extérieure. Suivons le trajet :

– changement de support en (c), grâce au secteur épellation, par lettres qui vont descendre sur le circuit n° 6, en serpentin à la queue leu leu avec des entremots et donc encore chargés d'oral ;

– arrivée en (f) où les lettres perdent leur oral pour faire les mots avec les blancs, ceci se réalisera lors de la sortie ;

– il peut ainsi suffire de l'exercice pour mobiliser la soumission du mot à l'écriture, à un processus plus physique.

Or, ici, les lettres ne se sont pas séparées de l'oral et la conversion n'est pas stable ; en (f), en principe il n'y a pas d'oral. Lui, assimile l'intégration des phonèmes dans le mot parlé, à celle des lettres dans le mot écrit.

Or il ne s'agit pas de la même chose. Pour la première intégration, des phonèmes dans le mot : le phonème faisant la syllabe est un donné basique de la parole. Ce donné est fondé sur la transsubstantiation, la syllabe en est le fondement et cette partie est normale chez lui.

Il n'en est pas de même pour la deuxième intégration à l'écrit, il n'y a pas de symétrie (Simon[21] faisait parfaitement les syllabes orales, mais pas écrites : il parlait et répétait correctement, mais ne pouvait pas « accrocher » à l'écrit). En oralisant sa lecture, Cyril authentifie la syllabe écrite par sa traduction orale et à l'oral les phonèmes sont intégrés dans le mot, ceci allant de soi. On peut accentuer cet effacement du phonème dans la globalité du mot en pratiquant la parole informe.

Il doit refaire les parcours antérieurs, reprendre les processus antérieurs. Certes, l'écrit provient de l'oral, mais il a pris son envol et a son poids de présence physique. La lettre dépend de l'oral, puis s'autonomise et vit sans que l'oral actualisé soit présent. Cet oral constitue en quelque sorte des modèles fantômes des lettres. La marque de l'autonomie prise par la lettre est ce « plus » qu'apporte l'écrit par les blancs qui séparent les mots.

Chez lui, la lettre ne s'intègre dans le mot que si elle en appelle à son lien direct avec l'oral. Il doit retourner à l'oral – rôle premier de l'écriture, – il lui faut retrouver le modèle primordial des phonèmes intégrés dans le mot. La relation avec l'oral doit être affirmée pour que, à son tour, la lettre s'intègre dans le mot comme l'a fait le phonème à l'oral.

---

21. Gisèle Gelbert, *Lire, c'est vivre, op. cit.*

Essayons de voir les différences de fonctionnement entre un texte écrit après lecture et un texte spontané. Nous allons ainsi trouver la clé de l'interaction des deux dysfonctionnements mis en évidence.

Avec Thibault, à propos de la lecture, nous avons mis en place un sas (le sas n° 1) entre le compartiment moyen et le compartiment interne. C'est le lieu de la livraison du sens, du cognitif porté par la phrase qui entre, venant du (a) fantôme et du (a) du déchiffrage. On pourrait dire que, comme pour les « trois phrases » de l'exercice éponyme, il s'agit du fond de l'écuelle de la pensée, de son minimum, les premières phrases de la pensée qui commence. Et on pressent une entrée plus profonde dans ce compartiment interne, vers ce que nous appelons plus bas « l'indivision ». Mais il y a d'abord entrée véritable dans le compartiment interne et dislocation. Les mots, allégés, car intégrés dans la phrase, séparés par des entremots, se séparent, deviennent lourds et vont rejoindre les sosies. Nous avons vu que le temps supplémentaire nécessaire à la compréhension ou la mémorisation peut entraîner des désordres, comme celui d'avancer le changement de poids des mots qui se fera prématurément dans le sas même.

Si nous poursuivons le trajet de cette entrée il nous faut entrer dans une autre zone, que nous appellerons celle de l'indivision*, où se situe la pensée qui s'organise, donc en phrases, mais qui ont une structure spécifique, une visibilité et une dicibilité en rapport indéfinissable avec les formatages, et sans les qualités physiques de l'attelage que nous avons rencontrées jusque-là dans les compartiments explorés. Il est licite de dire que ce sont les phrases qui entrent dans le premier sas qui vont aller en indivision, tout en s'organisant en pensée.

Si nous poursuivons, nous allons voir que nous allons figurer un autre sas, entre le compartiment interne – qui prend ainsi des limites définies – et la zone d'indivision et nous allons voir aussi que les sosies ne sont pas tous pareils.

La production de phrases en spontané, part de la pensée en indivision, en recherche de dicibilité. Cette pensée va recruter les sosies nécessaires pour faire les phrases. Ces phrases, logées dans ce sas et une fois constituées vont se rattacher au (b') du compartiment moyen, pour s'extérioriser.

Les sosies ont donc une structure en trois couches, mais qui est éminemment dynamique, comme pour les changements de poids des mots. Quand ils sont le résultat de la dislocation d'un (a) qui a accouché (en lecture : l'entrée de l'oralisation du déchiffrage), le formatage graphique est plus important et l'anomalie réside dans la difficulté à rétablir l'équilibre des différentes couches. De plus, cette portion graphique, ce formatage n'est pas normal, comme nous l'avons vu se manifester par le piétinement et par la nécessité de rester rattaché à l'oral. Ainsi l'indivision, la mise en forme de la pensée, dans la demande de résumé après lecture, se refera – au moins partiellement – à partir des mots entrés, mais qui ne sont pas normaux : trop de poids du formatage graphique et manque d'indépendance des lettres. À l'inverse, lors du texte spontané, les sosies sollicités pour faire les phrases seront tirés du « stock lexical », n'auront pas été « usinés » et n'auront pas vu les proportions de leurs couches modifiées. Tout cela rend compte des anomalies décrites et de la gêne rapportée.

Thérapeutique :

Première série
autoroute avec noms de médicaments, courts
patinage dit informe
reprise du même en autouroute

Deuxième série
fantôme
hors vue
topo écrit
lecture du même
topo écrit

Troisième série
Rétention silencieuse
texte hors vue
topo à deux
dictée
faire lire
topo écrit

3. Au détour d'un exercice, l'épellation de Sylvette

Comment piste-t-on le comportement privilégié qui va rendre compte de toute la pathologie et comment faut-il s'assurer de la fiabilité des sources avant d'analyser et d'expliquer ?

Je vais rapporter le cas de Sylvette, âgée de 12 ans, qui m'est adressée par une de mes élèves qui la suit pour des troubles de type aphasique et qui, dans le déroulement normal de la rééducation, rencontre une production très atypique pour l'épellation d'un mot.

La dictée épelée de Sylvette dans le cadre du Janus (ci-dessous et p. 105) nous a ouvert tout un éventail d'avancées : analyse théorique, retour sur la conduite de la rééducation et sur les critères auxquels doit répondre une production significative.

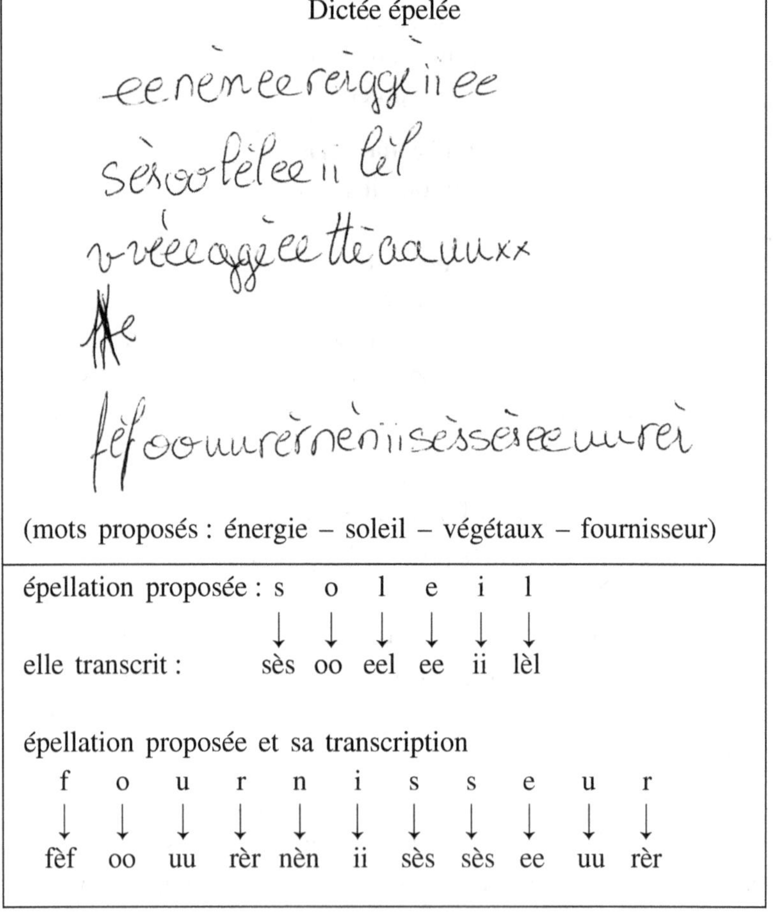

Dictée épelée

(mots proposés : énergie – soleil – végétaux – fournisseur)

épellation proposée :	s	o	l	e	i	l
	↓	↓	↓	↓	↓	↓
elle transcrit :	sès	oo	eel	ee	ii	lèl

épellation proposée et sa transcription										
f	o	u	r	n	i	s	s	e	u	r
↓	↓	↓	↓	↓	↓	↓	↓	↓	↓	↓
fèf	oo	uu	rèr	nèn	ii	sès	sès	ee	uu	rèr

> Dictée épelée dans le cadre du Janus
>
> *séseeuulélsés lêleeuuràrsés nénoauràiunénéesés ee mémeeréirggéeenénité*
>
> « seules leurs narines émergent »

Elle nous a d'abord fait repréciser ce que nous savions sur l'épellation[22].

On épelle un mot ou des mots dans une phrase, mais on dit les lettres de l'alphabet. Dans les deux cas, il y a une identification phonétique, reconnaissance de l'équivalence entre le phonème et la lettre avec un rendu oral identique : la consonne individualisée est « convoyée » par une voyelle (majoritairement « é » ou « è ») pour faire une syllabe. Cette voyelle, qui est de la voix, permet de dire la consonne, elle est univoque et sans valeur de sens ; elle ne permet pas de faire du sens même si elle est associée à d'autres productions identiques. Nous parlons de *voyelle vide*, dans les deux cas (en épellation comme en alphabet).

Épeler ne dépend que de la longueur du mot ou de la phrase et du choix de l'extension du texte à épeler, alors que dans l'alphabet l'émission de syllabes à voyelle vide est limitée, il y a 26 lettres et rien de plus. Citons le cas d'un adulte illettré qui récite un alphabet interminable, reprenant sur l'un ou l'autre niveau de ce répertoire.

Dans les exercices que nous avons élaborés, nous n'utilisons l'épellation que dans deux d'entre eux. Le premier est

---

22. Gisèle Gelbert, *Un alphabet dans la tête*, Paris, Odile Jacob, 2001, p. 85-102.

l'*enchaînement maison*, où l'épellation, utilisée de façon licite, vient s'opposer à sa persistance avant la lecture de la syllabe constituée. En quelque sorte nous disons : « Oui, on peut épeler, mais pas n'importe où. » Le second est *l'alphabet Janus,* que nous allons décrire plus loin.

Un dernier coup d'œil sur l'épellation, afin de mieux comprendre notre analyse et d'aborder celle qui nous préoccupe ici. Rapportons le cas de cette fillette, âgée de 11 ans et en CM2, qui recherchait et écrivait un mot pour chaque lettre épelée en dictée, ainsi :

Pour   **l/i/t** *épelé*, elle *écrit* : **aile/i/thé**

        m/a/r/i *épelé*, elle *écrit :* **aime/a/air/i**

       g/r/â/c/e *épelé*, elle *écrit :* **j'ai/air/a/c'est/e/**

Elle ne concevait pas qu'une segmentation de l'oral pût être autre chose qu'un mot. Certes, l'aptitude à syllaber – à l'origine de l'installation de la parole –, entraîne aussi une segmentation de l'oral, mais elle n'est qu'une façon de parler artificielle et ne donne pas de sens.

Nous allons voir que ces cas de troubles de type aphasique dont la rééducation ne donne pas les résultats attendus et pour lesquels sont rapportées des plaintes peu précises, sont des cas « à la Dr House ». Il faut trouver le comportement privilégié – le symptôme – qui va nous éclairer et qui rendra compte de toutes les manifestations de la pathologie.

Et pour Sylvette, c'est cette production en dictée épelée que nous avons montrée, survenue impromptue, au détour d'un exercice (l'alphabet Janus) qui nous donnera la réponse. Ce cas nous montrera aussi avec quelle rigueur il faut s'assurer qu'une production est bien significative, avant de s'employer à l'analyser pour l'expliquer.

Je m'apprête donc à faire une analyse de cette épellation, jusqu'au moment où, cherchant à mieux situer cet échantillon étonnant et problématique, j'apprends qu'il a été produit au cours du troisième volet de l'exercice de *l'alphabet Janus,* et qu'il ne s'agit pas d'une simple dictée épelée. Nous mettons ainsi le doigt sur l'importance de la précision des consignes régulant la pratique de ces exercices, paraissant pourtant si simples. Il ne s'est donc pas agi d'une *dictée épelée* d'un mot, mais d'une dictée épelée incluse dans l'exercice et qui ne peut en être extraite.

Dans les exercices, soit on demande au patient de regarder se dérouler l'enchaînement des différents volets que nous présentons, soit il est incité à re-parcourir lui-même les circuits mis en œuvre dans les différentes situations linguistiques proposées. En exemple, dans le cas présent de *l'alphabet Janus* nous disons : « Tu regardes » et l'on écrit en disant, sur deux feuilles différentes l'alphabet normal, puis l'alphabet avec une voyelle d'appel écrite. Cette dernière présentation est une incongruité, car cette voyelle ne s'écrit jamais : si on vous demande d'écrire un /pé/ vous n'écrirez que la lettre « p ». Cette voyelle d'appel, voyelle vide, n'endosse qu'une de ses livrées : elle peut être à elle seule une syllabe ou elle peut simplement rendre la syllabe possible. Dans ce dernier cas, elle sert à appeler, à rendre dicible oralement les sons isolés dans l'inventaire barbare – à partir d'une parole extérieure, et à faire vivre cet inventaire qui est comme un coffre-fort. Le dévoilement du secret de la voyelle vide, en l'écrivant, alors qu'un tabou pesait sur elle, a permis l'installation de la lecture chez deux de nos patients et a permis l'élaboration d'un exercice : *le ragondin* (p. 108).

<table>
<tr><td>a b c d e f g</td><td>a bé cé dé e èf gé</td></tr>
<tr><td>h i j k l m n</td><td>ach i ji ka èl èm èn</td></tr>
<tr><td>o p q r s t u v</td><td>o pé qu èr ès té u vé</td></tr>
<tr><td>(w x y) z</td><td>(w x y) zed</td></tr>
</table>

Alphabet Janus

Ainsi une production pouvait être interprétée différemment, selon l'environnement, un même échantillon pathologique relèvera d'une analyse différente – et donc une stratégie thérapeutique différente. Ce sera le cas pour une dictée épelée simple, *versus* une dictée épelée dans le Janus, après avoir désigné les lettres dictées sur chacun des alphabets dressés préalablement.

Il est bon de rappeler aussi que cette présentation de l'alphabet, ou le « plumeau » sur la consonne dans *l'exercice du plumeau*, ne gêne en rien ces enfants et ne bouleverse pas leurs repères.

Premier volet de l'exercice du ragondin
Exercice du plumeau

Reprenons notre analyse :
– la dictée ordinaire est normale ;
– la dictée épelée d'une phrase est normale ;
– la dictée épelée d'un mot est normale ;
– la dictée épelée d'un même mot dans le cadre du Janus est anormale.

Est-ce grave ? En tout cas, cela n'est pas normal et dans le cadre du travail aphasiologique en cours et des plaintes actuelles (initialement découplage, puis impression d'absence de travail, de désintérêt, plaintes vagues, mais mauvais résultats scolaires), il nous faut le prendre en compte et penser même que réside en cet endroit le *primum movens* du dysfonctionnement.

Nous sommes en situation archaïque où il ne suffit pas de montrer seulement, pour remettre les choses en place. En quelque sorte il ne suffit pas que la consigne soit implicite, comme en faisant ou faisant faire le Janus ou le ragondin, comme s'il était implicitement dit « la voyelle vide, la voilà, elle a existé et joué un rôle important avant l'installation de l'alphabet définitif où elle est incluse ».

Mais cela ne suffit pas, la duplication de la voyelle, tel un doublon, et la représentation impérative, des deux aspects de la consonne (une consonne seule et la même consonne avec sa voyelle d'appel) ne résultent pas d'un besoin de redire, de consolider, de faire une sorte d'apprentissage. Il ne s'agit pas non plus d'une application servile de ce qui paraît être la « règle du jeu » – montrer à deux reprises et des consonnes présentées différemment. Derrière cette apparente incompréhension de la consigne implicite, il s'agit du besoin de réaffirmer la liaison de la lettre avec le phonème, qu'elle doit non pas représenter (tel un symbole), mais *remplacer, par un changement de support matériel.* C'est la première fois que nous obtenons une telle réaction lors du Janus.

Ce que nous voyons en filigrane dans cette production est la juxtaposition de la lettre, consonne, comprise en conscience phonétique (correspondance son/graphie) et de sa « disance » par la voyelle vide qu'elle écrit. Il n'a pas suffi à Sylvette de « voir » ce secret, de voir briser ce « tabou de la voyelle vide », mais il lui fallait le briser elle-même. En dupliquant sans conséquence les voyelles (probablement vécues comme l'une vide et l'autre pleine, mais sans marque apparente), elle montre qu'elle a besoin de « réaliser » les deux approches : une approche de conscience phonétique (p) et l'autre en linguistique, appelée avec la voyelle vide qui s'écrit (pé). Elle laisse ici s'exprimer parfaitement le double aspect du phonétisme.

Pour bien construire la thérapeutique, revoyons en les opposant les différents documents, les différentes situations linguistiques.

La dictée ordinaire est satisfaisante, avec des fautes bien sûr, mais « normale » (p. 111). La dictée épelée est aussi normale (p. 111).

Dictée ordinaire

Dictée épelée

Revoyons la même phrase épelée dans le contexte du Janus, le contraste est flagrant

Dictée épelée dans le cadre du Janus

Et mettons face à face (ci-dessous), pour un mot, la dictée normale, la dictée épelée, le mot proposé en épellation dans le Janus.

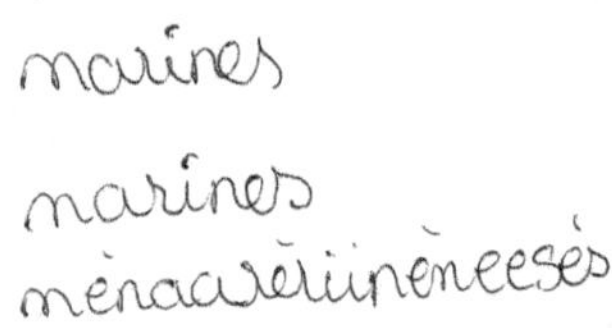

D'où une proposition d'enchaînement thérapeutique :

**Trois exercices redonnant
les différents aspects de la consonne**

1. Les oppositions phonétiques : planche avec « a »

2. La voyelle vide : ragondin
La consonne détranssubstantiée, individu acoustique :
le plumeau

3. Partie écrite par moi-même devant ses yeux :
mot dicté normal
mot dicté épelé
mot épelé avec le Janus
elle est sollicitée en épellation avec le Janus

Après les enchaînements, ci-dessus, les productions obtenues sont devenues normales.

– dictée d'un mot entier ;
– dictée d'un mot épelé ;
– dictée d'un mot épelé après Janus écrit par moi-même ;
– dictée épelée dans le Janus.

dictée épelée dans le Janus

Cependant, si nous avons trouvé le *primum movens* du dysfonctionnement, il nous faut regarder de plus près le fond de la plainte et le motif premier d'une consultation et du diagnostic de trouble de type aphasique : le découplage déchiffrage/sens.

Nous allons trouver une passerelle explicative grâce à notre dernière exploration du découplage. Après avoir mis en évidence le dysfonctionnement de la dynamique entre-mots/blancs, puis le défaut d'accolement au (a) fantôme, nous sommes arrivés à envisager une dysrégulation de l'allè-gement lors du passage en compartiment interne. L'entrée dans le sas d'une phrase, faite de mots allégés, indispensable pour conduire au sens (ce « passage » qui réserve toute une partie inconnue), peut être altérée par une prise de poids des mots, prématurément, dès avant leur sortie du sas et leur entrée en compartiment interne où ils vont retrouver le poids des mots dans les sosies. Donc des mots devenus « plein poids » trop tôt.

Il n'est pas impossible que le phonème soumis à cette duplication manifestée dans cette étrange épellation, voyant sa structure bipartite démontée (individualisation phoné-tique *versus* entrée dans le registre linguistique grâce à une potentialité d'appel par une voyelle vide) pèse plus lourd et fasse endosser au mot, prématurément, un poids plus important et soit donc responsable de cette dysrégulation temporelle.

Ici, il sera donc nécessaire d'ajouter un enchaînement spécifique :

désigner un détail sur une image
dire le mot correspondant
l'écrire en le disant
faire désigner le détail à la demande
le faire lire
le dicter
faire l'exercice du poids des mots :
enchaînement maison avec ces mots
proposition d'une phrase constituée de ces mots
dictée zigzag

QUATRIÈME PARTIE

Sur le terrain

Laissons la casquette de Sherlock Holmes et la canne du Dr House, nous avons débusqué le symptôme caché, responsable de la pathologie et essayons maintenant de répondre à des questions rencontrées tous les jours et qui entrent dans le cadre de ces bizarreries. Est-ce vraiment normal qu'un petit patient qui parle mal lise mal ? Le bégaiement est-il vraiment hors de notre champ ? Est-il normal que prendre des notes et en même temps comprendre le cours soit impossible pour un étudiant ?

1. Lilian : parole et lecture

Lilian me consulte à 8 ans, en fin de CE1, adressé par une de mes élèves après 45 séances de travail aphasiologique, parce qu'elle n'est pas satisfaite de l'évolution, elle constate une stagnation. Les troubles de type aphasique se manifestent en lecture, en transcription, mais aussi à l'oral : sa parole est altérée, pouvant être inintelligible, avec des défauts d'articulation et des simplifications de type retard de parole. Sa lecture est anormale avec syllabation et erreurs. Les erreurs de lecture à proprement parler sont difficiles à apprécier vraiment, car la production verbale de Lilian en lecture est la même qu'à l'oral : très altérée. Et c'est justement la relation entre sa parole et son oralisation de la lecture qui pose problème : ses défauts de parole le gênent-ils pour la lecture ? C'est une question subtile à laquelle nous allons essayer de répondre, lit-il comme il parle ? Dans notre démarche, il ne faut pas oublier non plus un élément névrotique important de sa personnalité (attitude de provocation et de défi, modification de sa lecture avec la baguette magique, que nous appelons « Harry Potter »).

**Rappelons de façon résumée,
le cours normal lors de la lecture**

*Proposé oral → modèle (a) → accolement au (a) fantôme
→ accès au sens par les deux antennes (du (a)
et du (a) fantôme)
→ entrée en compartiment interne et après accès au cognitf,
dislocation et retombée dans les sosies
le (a) a aussi eu une antenne vers le (b),
qui a imprimé son treillage sur le (b').*

Si vous entendez cette phrase :

« Les comètes sont de petites boules brillantes
accompagnées d'un long panache de gaz. »

---

vous pouvez l'entendre de trois façons différentes, provenant de trois « fabrications » différentes : soit à partir de votre parole spontanée ou de celle d'un interlocuteur, soit de votre parole en répétition, soit d'une lecture oralisée. Elle vous paraît identique dans les trois cas, à quelques variations près de l'intonation et du tempo.

Eh bien, elles sont très différentes et programmées pour des évolutions, des actions différentes.

Ce sont les *entremots* qui sont différents. Les entremots sont des séparations entre les mots, qui sont saisies grâce à l'intuition syntaxique, c'est-à-dire la possession de la langue. Nous dirons « intuitivement saisies », c'est-à-dire que la séparation des mots ne se manifeste pas *physiquement,* ce qui à l'oral se traduirait par un arrêt, une pause, une coupure dans le message acoustique. En dehors des effets d'expression, à l'oral, le seul arrêt naturel est celui de la segmentation en syllabes.

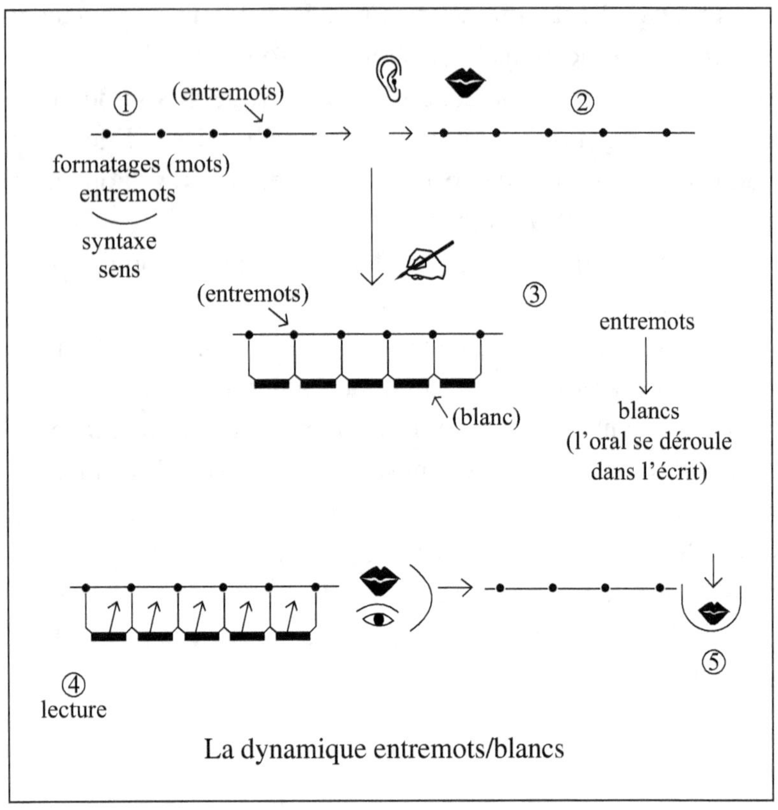

La dynamique entremots/blancs

Si ces entremots n'existaient pas, la production orale ne serait qu'un serpentin, et des serpentins de phrases, ce qui irait contre la mission de faire du sens. Un serpentin écrit, phonétiquement fidèle (plusieurs mots agglomérés en un seul), lu à haute voix, ne donne aucun indice sur l'anomalie graphique ; si cet écrit peut permettre d'accéder au sens, c'est uniquement en l'oralisant.

Un serpentin écrit qui ne peut donner la charge de sens
que si on le décrypte en l'oralisant, c'est-à-dire en le lisant à haute voix

les enfon est mealealoferme.

mimi courvere la chevre elle a de lonpoualplan est une tirole parpiche

mecan tellencobre les pedounedencoudecasne est renvers le saudelen
tato voustran tes terperove en flane tou les vourdanespoe au lie do referme a lecole
alecterche les re tilafemever de neberpeaulapin penenpani est oua aron les fri ouverve

Voir la transcription du texte p. 122.

> *Texte : les enfants aiment aller à la ferme*
> *mimi court vers la chèvre elle a de longs poils blancs et une*
> *drôle de barbiche*
> *mais quand elle est en colère elle peut donner des coups de*
> *corne et renverser le seau de lait*
> *toto voudrait être berger et flâner tout le jour dans les prés*
> *au lieu de s'enfermer à l'école*
> *allez chercher les œufs dit la fermière et donnez l'herbe aux*
> *lapins prenez un panier*
> *et aidez-moi à ramasser les fruits au verger.*
> *(Aristide, 11 ans, en CM1)*

La production spontanée ou entendue d'un interlocuteur, et la répétition, sont faites de phrases, organisées pour faire du sens, selon l'intuition syntaxique de la langue et la charge cognitive ; les phrases sont faites de mots séparés par des entremots, tels que nous venons de les définir, que nous qualifierons de « vierges ».

Si on transcrit cette phrase, les entremots vont s'ouvrir et donner des blancs, matérialisant cette séparation virtuelle des mots par des espaces, et les individualisant. En lisant, on fait le chemin inverse, le déchiffrage oralisé va transformer les blancs en entremots et on obtiendra une lecture oralisée, un « vrai oral », paraissant identique à celui qui a tout initié. Mais, même si la lecture est fidèle, ces entremots sont différents : ils ne sont plus vierges puisqu'ils ont accouché de l'écrit et proviennent de la transformation des blancs.

Nous trouvons, comme à l'habitude une illustration et une confirmation de cette analyse dans la pathologie.

Lilian présente une lecture anormale, avec syllabation et erreurs – mais ces dernières sont difficiles à apprécier vraiment car la production verbale est la même qu'à l'oral, c'est-à-dire difficilement intelligible car très altérée (simplifications de type retard de parole : substitution de phonèmes, simplifications de groupes consonantiques, chute de consonnes ou de syllabes, assimilations, etc.). Notons bien qu'il ne s'agit pas des « défauts d'articulation » (schlintement, palatalisation, sigmatisme interdental ou nasal, etc.) qui, bien évidemment se retrouvent dans toutes les modalités de la parole.

Voyons sa production lexique – avant de nous occuper de sa parole. Oralisée, elle donne une réalisation phonatoire propre qui va entrer et donner un (a) propre, qui va s'accoler au (a) fantôme. Ce (a) propre devrait avoir des entremots qui ne sont pas vierges, qui ont accouché. À l'opposé, (a) de son oral spontané a des entremots vierges.

Le (a) vierge, qu'il vienne du proposé étranger ou de sa production spontanée, n'a pas vocation à retrouver un (a) fantôme – puisqu'il le constituera lui-même à l'occasion.

Quelle pathologie lexique observons-nous chez Lilian ? Il va transformer ses entremots accouchés en des entremots vierges : il rend sa virginité à sa production lexique orale, pour la névrotiser. Comment ? D'abord il va empêcher toute référence à un arrêt qui peut ou a pu donner un blanc et le remplace par un arrêt purement oral, en marquant la syllabe – en syllabant sa lecture. Il en rajoute même dans l'oralité, en donnant un oral plus vrai que nature.

Il instrumentalise la syllabe dans son aspect purement physique de segmentation (et non de sens linguistique). La segmentation orale en mots n'est pas physique, elle est linguistique ; or la segmentation en syllabe a été physique en premier lieu, permettant les opérations de transsubstantiation/dé-transsubstantiation, lors de l'installation de l'inventaire barbare.

Sa production lexique altérée n'est pas due à la parole spontanée altérée, bien qu'il y ait identité des deux sorties. Le retour à l'oral lui fait rejoindre le boutonnage – le surinvestissement – qu'il a à l'oral. Le processus névrotique en marche pousse les deux productions à se superposer, le (a) de la lecture va se superposer au plus proche à celui de l'oral.

Décrivons à nouveau le fonctionnement :

1. en parole spontanée, (b') donnant une réalisation phonatoire, qui va entrer dans le compartiment moyen pour donner un (a) propre, un (a) avec des entremots vierges ; le sens va en être à l'origine ;

2. en répétition, un (a) étranger entré, donnant (b) qui va sortir, un (a) avec des entremots vierges ; soit le sens a été atteint par l'entrée au sens du (a) proposé étranger, soit il n'y a pas de sens ;

3. en lecture un (a) de la production lexique, va re-entrer pour s'accoler au (a) fantôme et aller par les deux antennes au sens et au (b') : entremots accouchés. En lecture, il y a deux temps obligatoires, puisqu'il faut que le (a) fantôme ait d'abord pu se faire pour ensuite écrire le texte « inerte » qui sera proposé à lecture.

Forts de cette observation à partir de la lecture, nous émettons l'hypothèse que l'oral présentait déjà des anomalies : sa production léxique hachée, scandée, nous donne à penser qu'il s'agit du marquage des arrêts dans le cadre d'une machine à avaler verbale. Décrite d'abord en lecture, nous rencontrons ici la machine à avaler comme une présence physique, trop forte, de la production verbale, ce qui entraînera un temps d'arrêt. La machine à avaler, dans sa description première en lecture, décrit la saisie anormale d'une présence sur le cours du déchiffrage, se traduisant par des arrêts sans rapport avec la rencontre d'une difficulté, phonétique ou sémantique, interrompant le flux lexique afin d'intégrer cette rencontre. Le même phénomène, bien que plus rare, peut donc se produire à l'oral.

Qui dit prise de temps, dit prise d'espace et dans la sphère linguistique cet ancrage dans la matière est ouverture à l'écrit.

Cette prise d'existence physique des productions verbales, ainsi isolées dans le flux verbal, va transformer les entremots vierges en accouchés.

La névrose s'est déjà glissée dans l'oral, mais rappelons que nos premières observations d'une lecture altérée par ce processus de conversion, survenait chez des patients qui parlaient bien.

Citons le cas de cette patiente de 63 ans, dont les plaintes sont peu précises, qui a des difficultés psychologiques, mais qui finit par bien décrire son malaise linguistique. Elle décrit une distance entre ce qu'elle a compris et retenu d'un texte ou d'un film, globalement saisis, et leur mise en forme linguistique. Elle a compris mais appréhende de donner le sens mis en forme, elle rencontre cette production linguistique indispensable pour communiquer, la parole, comme une présence physique, un obstacle à surmonter. En conséquence, elle n'arrive pas à se mettre en route et a comme des absences. Elle reçoit sa parole comme un objet. Ici aussi intervient la notion de poids : trop de poids rend compte de la présence physique de cet obstacle. Et parallèlement nous retrouvons aussi la notion d'allègement et voyons qu'elle joue non seulement dans la sortie – comme nous l'avons vu pour le sosie qui doit s'alléger pour se mettre en phrase en (b'), mais aussi à l'entrée dans la présence des mots hyper-saisis dans le flux oral. Le mot ne cède pas la place à la phrase, donc à la pensée. Ainsi, sa production orale prend des dimensions, un volume et une présence inquiétants – avec l'appréhension de cette rencontre.

Donner une réalité physique à cet oral, c'est le précipiter dans la matière, donc dans l'écrit (se rappeler le potentiel d'écrit qui est dans l'oral et que nous sommes faits pour écrire).

Donc cet oral qu'il produit, spontanément ou en répétition, possède des entremots particuliers – ou atypiques – : ils ont déjà manifesté leur grossesse, l'air de rien.

Et on aura un mouvement inverse, tout aussi anormal à partir de la production lexique oralisée, d'accouchée à vierge.

Est-ce l'explication de l'expression à l'oral des TTA ? Sa parole prendrait une existence incompatible avec le flux de parole (car nécessitant une machine à avaler) et cette production sienne, contient des entremots anormaux, déjà comme s'ils avaient lâché leur lest d'écrit.

La névrose se glisserait dans ce chevauchement des chronologies et ces deux anomalies structurelles empêcheraient l'intégration des distinctions matérielles nécessaires pour la réalisation précise des phonèmes (non pas pour les défauts d'articulation, mais les substitutions et déplacements de phonèmes).

Voici la proposition thérapeutique ; ainsi on fera passer d'un état à l'autre, mais dans des situations normales, de vierge à accouché, normalement et licitement.

Première série
contre la machine à avaler, donner le moins de présence
physique possible à l'oral, en faisant de l'informe,
donc normaliser le proposé oral et sa production
– aller ensuite normalement à l'écrit : j'écris en disant
– dire une phrase normale
– faire répéter
– à nouveau écrire en disant
– faire lire

Deuxième série
– proposé oral informe et faire répéter idem,
– phrase écrite et dite par moi
– je la redis hors vue et la fais répéter.

2. Le bégaiement

J'ai toujours refusé de m'intéresser au bégaiement, bien
que j'aie eu de nombreuses occasions de m'en occuper en
orthophonie classique, à la lumière de ce qu'enseignait
Suzanne Borel-Maisonny, j'estimais que cette pathologie sor-
tait de mon champ de compétence.

Cependant deux circonstances ont fait que je vais néanmoins ouvrir ce chapitre, de la même manière que j'aborde
l'aphasie. C'est-à-dire en prenant le parti d'inscrire ces
troubles sur le schéma des fonctions linguistiques (comment
dysfonctionne-t-il ?) et sur l'impact thérapeutique éventuel.
C'est-à-dire en écartant de mon champ d'analyse tous les
autres aspects concomitants : problèmes psycho-affectifs et
de contrôle corporel pour le bégaiement, localisations lésion-
nelles et autres atteintes cognitives pour l'aphasie.

Voici la première circonstance. Une situation vécue, la remarque d'une orthophoniste stagiaire devant un de mes petits patients : alors que ce garçon de 12 ans présentait une « machine à avaler », elle persistait à dire que c'était un bégaiement. Ce type de lecture comporte un arrêt subit en cours de déchiffrage, en rapport avec la saisie intempestive de la rencontre et du contact avec un mot, alors que, inclus dans un flux verbal, les mots ont perdu leur individualité pour être intégrés dans la phrase. Le flux c'est la phrase, les mots qui y sont intégrés sont devenus des obstacles qu'il faut repérer, isoler et franchir. Ceci, quelle que soit la structure du mot, différant ainsi des difficultés de déchiffrage, d'identification ou d'articulation pour un mot difficile ou étranger. De plus, pour ce petit patient, la stagiaire orthophoniste ne prenait pas en compte l'absence totale de bégaiement en spontané, que ce soit à l'école, dans la famille ou dans le cabinet de l'orthophoniste. En dehors de rares cas de surinvestissement psychologique, il paraît difficile de ne retenir un bégaiement qu'en lecture. L'évolution du cas sous rééducation nous a permis de confirmer ce diagnostic et l'absence de tout bégaiement. Il y avait donc un diagnostic différentiel à faire entre machine à avaler et bégaiement.

Voici la deuxième circonstance, sur laquelle je vais m'étendre : celle d'un bégaiement en parole spontanée, authentifié, mais coexistant avec des troubles de type aphasique. Ce tableau clinique légitime une réflexion sur leur rapport et sur la part respective des uns et des autres – expression à l'oral des troubles de type aphasique et bégaiement.

C'est le cas de Valéry : il a 12 ans, il est en sixième, il est suivi depuis 1 an et demi, depuis le CM2, par une de mes élèves, il a eu 20 séances de suivi. L'orthophoniste a porté un diagnostic de troubles de type aphasique, avec un découplage déchiffrage/sens, mais les altérations de la parole l'embarrassaient, car elle hésitait entre bégaiement et expression à l'oral des troubles de type aphasique. L'amélioration avait été nette, en particulier pour la parole ; puis le travail avait été suspendu mais l'école demandait à nouveau un bilan. Elle le revoit donc, mais constate qu'il a perdu tout ce qui avait été acquis. Il y a donc un problème de diagnostic différentiel, essentiel pour la stratégie rééducative.

La parole montre nettement un bégaiement tonique, d'intensité moyenne. Mais ce qui frappe c'est que le plus souvent il chuchote le mot avant de le dire, assorti d'un accident tonique. Une première interprétation a été celle d'un trouble d'évocation : un manque du mot nécessitant une recherche préalable. Mais il n'y a pas de manque du mot en parole spontanée ni de troubles spécifiques aux épreuves de dénomination Nous pensons aussi, un temps, qu'il s'agit d'une « attitude » devant le bégaiement, qu'il cherche à éviter. Ces explications sont vite récusées. En lecture, il n'y a pas de bégaiement, par contre le récit après lecture comme le récit spontané montrent les mêmes accidents toniques de bégaiement. Le découplage a été corrigé.

Mais nous mettons en évidence des anomalies à l'écrit, qui viennent confirmer les troubles de type aphasique : en dictée, on observe un « piétinement » (mouvement très rapide du poignet, comme s'il se fût agi d'un surplace) avec un net décalage par rapport au proposé oral, Valéry donne l'impression d'avoir écrit très rapidement, alors qu'il n'a pas pu suivre le proposé oral.

Bégaiement et troubles de type aphasique sont présents ; le travail aphasiologique a normalisé le découplage, mais en son temps a aussi gommé le bégaiement ; avec l'arrêt du travail aphasiologique, le bégaiement est réapparu. Comment l'expliquer ?

Il nous faut examiner à nouveau les rapports entre l'oral et l'écrit, dans le cadre du schéma.

Faisons une incursion en grammaire. Le phénomène de la liaison dans la langue française nous éclaire. Il fait entendre la dernière consonne d'un mot lorsqu'il est placé devant une voyelle ou un h muet. C'est une dernière consonne, muette, orthographique : « les joyeux (z) amis », « le dernier (r) enfant », « ils (z) aiment », « plein (n) air », « grand(t) enfant », etc.

On peut parler d'une véritable intrusion de l'écrit dans l'oral et qui est d'autant plus surprenante que même un illettré fait ces liaisons en parlant. En entendant et reproduisant ce qu'il a entendu, il a intégré une manifestation de l'écrit, que pourtant il ne possède pas... Nous pouvons dire, à la lumière de notre analyse, que dans l'entremots a pu se glisser de l'écrit, donc se manifester du blanc.

Ainsi, en pathologie nous pouvons voir se manifester intempestivement ce fonctionnement qui vient de donner des signes de son existence. Les entremots de l'oral peuvent s'entre-bâiller et laisser percer les blancs, donc de l'espace, donc du temps, donc une prise de conscience du mot qui suit : nous retrouvons la machine à avaler. Nous avons toujours dit que « l'écrit est dans l'oral », cette potentialité d'écrit incluse dans l'oral était représentée sur le schéma par le circuit suspenseur, qui partait de la représentation mentale orale, en pointillés, et qui tenait, appendue, la représentation mentale graphique, en pointillés – laquelle ne se réaliserait que lors de la découverte ou l'apprentissage de l'écrit. Pour les serpentins, nous disions que l'écrit imitait le flux de l'oral, par l'absence de séparation visible des mots, ils imitaient les entremots de l'oral.

Or, ici, nous dirons à l'inverse, que c'est l'oral qui imite le flux de l'écrit ; un flux écrit se superpose au flux oral, libérant en quelque sorte prématurément le potentiel d'écrit. Ce temps pris au chuchotement du mot avant de le produire avec une attaque tonique est un temps d'espace, un temps d'écrit, qui se manifeste doublement. Cet arrêt devant le mot qu'est l'accident tonique implique une ouverture de l'entre-mots et un surcroît de temps. Les arrêts physiques du bégaiement sont la réponse en oral à la machine à avaler de la lecture – son équivalent, même quand il ne s'est pas manifesté en lecture comme dans le cas présent. Mais le chuchotement de la première version du mot qui va suivre est lui-même une manifestation du même phénomène.

Donc, il s'agit d'une présence incongrue de l'écrit dans le déroulement de l'oral. Mais l'écrit n'existe que parce qu'il peut retourner à l'oral et lorsque les lettres sont rebelles (comme nous l'avons décrit dans le piétinement), c'est qu'elles gardent leur individualité et ne s'intègrent pas dans le mot. Si cette production piétinée repasse à l'oral, si le retour à l'oral rencontre cette résistance des lettres, on aura aussi une résistance des mots à leur intégration dans la phrase, donc un arrêt et une prise de conscience inadaptée de la succession des mots. Ceci s'appréhende bien si l'on rapporte cette présence incongrue de l'écrit dans l'oral, qui emporte avec elle ses anomalies.

Ainsi le bégaiement ne serait pas un effet physique de régulation et de contrôle, il serait le résultat d'une opération linguistique. La dimension psycho-affective semblerait se greffer sur ce dysfonctionnement.

C'est l'exercice de la « *lecture en orateur* » qui nous fournira une approche plus sensible de ce phénomène. Il se pratique ainsi : le patient tient le livre en mains, y jette un coup d'œil pour déchiffrer le texte à lire, et retient une ou deux phrases qu'il va « lire », « dire » en me regardant et il continue ainsi avec des coups d'œil furtifs sur le texte. Il y a donc un intervalle entre la prise de texte et la lecture, c'est une prise de temps. Nous allons ainsi, en quelque sorte, reproduire ce temps « volé » quand il chuchote le mot avant de le dire, parce qu'il l'a rencontré, l'a isolé du flux de l'oral, a habité l'entremot qui le précède. Nous en faisons une réplique dans cet exercice, en remplaçant le mot par la phrase. Nous allons l'attirer vers une situation normale, qui tolère un arrêt normal : ainsi, non seulement cet arrêt n'est pas la conséquence de l'intrusion de l'écrit dans l'oral, mais de plus nous montrons qu'on ne parle pas en mots, mais en phrases.

Voici la stratégie thérapeutique, individualisant les deux supports, empêchant ou tout au moins ne favorisant pas l'irruption de l'écrit dans l'oral :

Normaliser l'écrit et ses blancs
dominique
Nx2
dode
cadastrage
sur l'autoroute courbé sous la tempête

Mettre au pas l'oral
texte lu à deux en informe
texte lu par lui seul en informe

**Empêcher l'écrit de remonter dans l'oral
jouer avec le temps**
lecture en orateur

Exercice du fantôme

3. Prendre des notes ?

Gabrielle a un peu plus de 14 ans, elle est en troisième. Un diagnostic de troubles de type aphasique a été porté alors qu'elle était en CM1 et a nécessité un travail aphasiologique. Malgré les améliorations, persistent des anomalies linguistiques qui obèrent sa vie scolaire.

Elle se plaint de difficultés atypiques lors de la prise de notes : si elle veut comprendre, en écoutant le cours qui est donné, tout en prenant des notes, elle est incapable de transcrire fidèlement et même lisiblement – ce qui rend ces notes inutilisables pour apprendre la leçon par la suite ; par contre si elle se contente de transcrire sans chercher à comprendre vraiment, elle peut rendre une production tout à fait fidèle : elle a bien transcrit mais n'a rien compris, elle est incapable de dire de quoi il s'est agi, mais elle a très bien pris le cours et pourra l'utiliser. Elle dit aussi que lorsqu'elle copie ce que le professeur écrit au tableau, elle regarde les lettres et essaye de les retenir, ce qui la ralentit considérablement, de plus, elle est parasitée par ce qui est dit après, qui vient se superposer à ce qu'elle copie.

On est frappé par son positionnement corporel lorsqu'elle écrit (à tous les modes : dictée, copie, texte spontané) : elle est effondrée sur la table, dispose sa feuille de papier horizontalement et présente un piétinement. Le piétinement est une allure de transcription donnant une impression de grande rapidité, même de fébrilité, alors qu'un décalage important s'installe lors de la dictée : tout donne à croire qu'elle écrit vite, mais en fait elle piétine et fait du surplace, se laissant dépasser par le proposé dicté qu'elle ne peut plus suivre. Enfin dernier étonnement, alors que sous dictée elle écrit en script, sous dictée épelée elle écrit en cursive, liant toutes les lettres.

Résumons la situation, il s'agit donc de la transcription d'un message oral, dont il faut à la fois saisir toute l'organisation conceptuelle et reproduire la structure phonologique, en traduire graphiquement la trace fidèle.

En cours, où elle doit prendre des notes :
– si elle comprend → transcription infidèle ;
– si elle transcrit fidèlement → ne comprend pas.

À cela s'ajoutent les anomalies de son écrit en dictée avec un piétinement, et un contraste entre une production en script pour une dictée normale et en cursive pour une dictée épelée.

Résumons la procédure vers la restitution du sens, la compréhension d'un texte lu et situons-la sur le schéma.

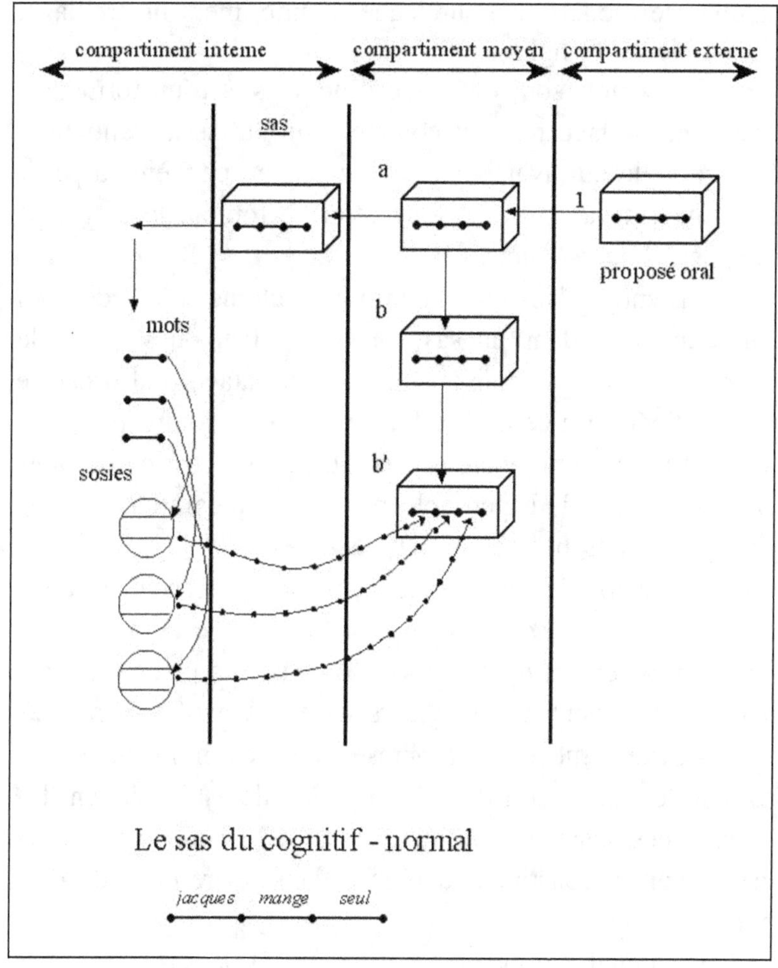

– Le proposé oral entre, constitué de phrases, faites de mots séparés par des entremots et organisées grâce à des outils grammaticaux et à une logique du positionnement, selon l'intuition syntaxique de la langue ; il va constituer le modèle oral (a), lequel est doté de deux antennes à angle droit : l'une entrant en compartiment interne – allant au sens –, l'autre donnant le modèle (b) – lequel donnera par une autre antenne le modèle (b') sur lequel il imprimera un treillage, en attente du remplissage.

— Les mots sont l'attelage d'un sens et d'un formatage oral ; cet attelage rendant compte d'une transsubstantiation, comme celle qui avait donné naissance au phonème à partir d'un individu acoustique, fait entrer ce formatage oral dans la sphère linguistique.

— L'entrée dans le compartiment interne se fait d'abord par le passage dans un sas, qui est le lieu où se traite le cognitif, où le sens convoyé par un formatage oral organisé va être libéré. En ce lieu se fait vraiment la compréhension ; le produit qui entre ainsi est une phrase, succession de mots allégés (qualité indispensable pour leur intégration dans la phrase) séparés par des entremots.

— Une fois le sens donné, cette phrase franchit la porte interne du sas et se disloque aussitôt dans le compartiment interne proprement dit : les mots sortent de la phrase, deviennent lourds et vont rejoindre leurs sosies respectifs (le lexique).

— Si on veut redire la phrase, soit c'est immédiatement, sortant de (b), copie fidèle de (a), soit elle est refaite en (b') à partir des sosies que quittent les mots, lesquels, en s'allégeant, vont reconstituer la phrase dans le treillage de (b'), pour sortir ensuite.

L'anomalie princeps se trouve dans le sas, lors de la libération du sens, entré convoyé par le formatage oral des mots enchâssés dans la phrase.

Pour comprendre, c'est-à-dire pour pouvoir avoir accès à ce sens, Gabrielle a besoin de plus de temps, d'une prolongation du temps de stationnement dans le sas.

Se profilent alors deux situations, qui vont mettre en évidence une certaine rigidité du système qui devrait être dynamique, comme l'est la dynamique du poids des mots, régulant le passage à l'allègement ou au « plein poids ». Chez elle, il y a dissociation entre ces deux procédures.

1. Elle comprend, mais transcrit mal. Si elle cherche à comprendre, si en situation de prise de notes elle fait un effort de saisie synthétique du cours pour en faire en quelque sorte un résumé, cela se traduit par une consommation de temps plus grande dans le sas. Ceci entraîne *ipso facto* une dislocation à la fois prématurée et en un lieu indu : les mots s'individualisent et, ainsi hors de la phrase, deviennent lourds et vont rejoindre et former des sosies anormaux par leur inflation de sens. Ces anomalies vont obérer la descente vers l'écrit, la transcription, qui sera donc infidèle. Nous avions associé vitesse et allègement, ici nous associerons stagnation, prise de temps et prise de poids.

2. Si elle veut prendre des notes fidèles, utilisables, donc bien transcrire, elle ne comprendra pas et ne fera que traverser le sas. Ainsi, elle ne présentera pas d'anomalies de la dislocation ou de répartition des couches des sosies ou de leur poids.

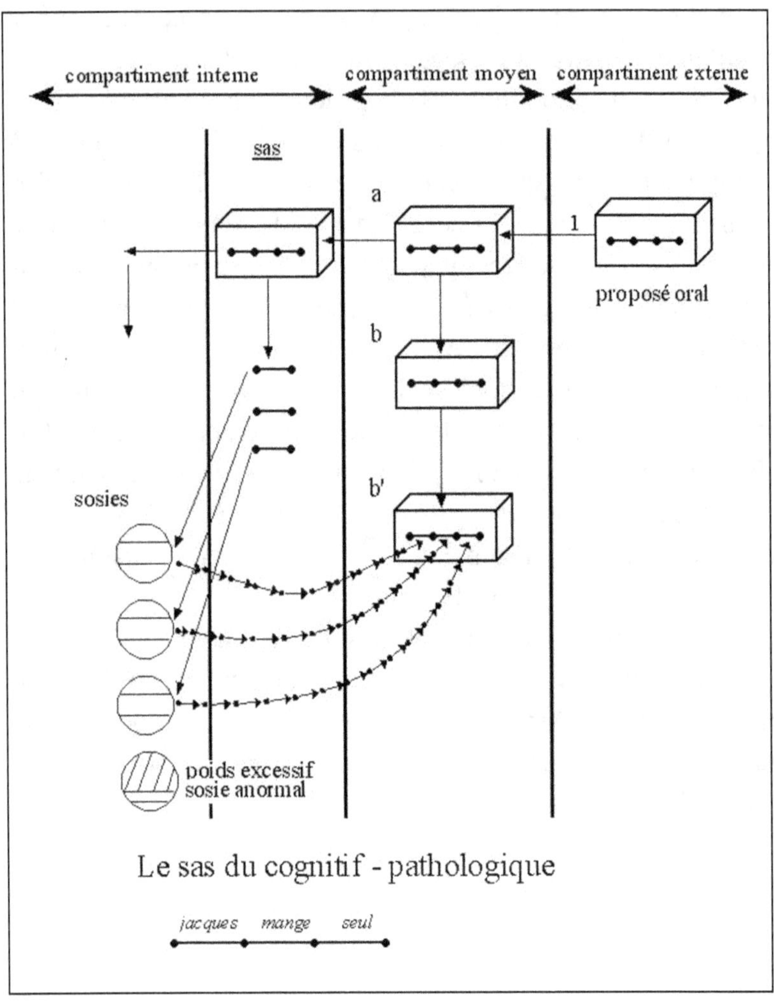

Enfin un deuxième dysfonctionnement vient s'ajouter pour rendre compte de ces anomalies vraiment atypiques chez une lycéenne. Ce sont les anomalies de sa transcription graphique qui attirent notre attention. En dictée normale, elle piétine (la main s'agite fébrilement alors qu'elle ne fait que du surplace et que s'installe un décalage avec le proposé)

et écrit en script, ce qui montre que les lettres pointent leur nez et sont mal intégrées dans le mot.

> La légende du café
>
> Ont racompte que le café a été découvert par des bergers. Il remarquèrent que leur chèvres dever très nerveuses après avoir brouté les fruits rouge d'u arbuste inconnu. Tout étonné il racomptèrent leur aventure a des moines, enssemblent ils suivirent les chèvres et écuilinent quelque fruits de l'arbuste Les firent sécher et préparèrent une infusion a leur tour, ils furent très exités et ne purent former l'œil de la nuit. Plus tard pélerins et voyageurs goutèrent au café et le firent découvrirent au autres pays.
>
> premiers hommes récoltaient

Dictée normale
en dernière ligne dictée épelée

Mais lorsque nous observons que, par contre, une dictée épelée est transcrite en cursive, cela nous éclaire : les lettres sont mal intégrées et quand elles sont séparées, c'est l'oral qui les réunit en refaisant la syllabe. Ceci nous fait retourner au statut de la syllabe. Si l'on retourne au circuit originel du CV1 (circuit virtuel externe n° 1), on a une épellation qui entre en modèle (c) et va donner la syllabe qui va intégrer les lettres dans une ouverture de bouche. Gabrielle a besoin de retourner aux sources, et, comme dans bien d'autres cas, il nous faudra lui faire reparcourir les circuits originels.

Voici les exercices préconisés :

Première série
série orale
N x 2 tapé
sur l'autoroute courbé sous la tempête
alphabet Janus
alphabet avec « a »
enchaînement maison

Deuxième série
noms de médicaments :
proposés oralement
répétés
mis en privilégié n° 1

Troisième série
texte dit hors vue
demande de résumé oral
deuxième proposition du même texte
questions
dictée
demande de lecture
résumé écrit

Conclusion

Ouf ! vous voilà rendus !

Peut-être un peu décoiffés par tous ces grincements de circuits dans la salle des machines ?

Arrivez-vous à jongler avec les (a), (b), (c) et *tutti quanti* ?

Vous en avez peut-être eu assez et peut-être avez-vous laissé tomber le livre ?

Mais non, ramassez-le, resaisissez-vous…

Vous avez croisé tous ces enfants, vous les avez reçus en consultation avec moi, souvent en dernier recours. Ne faisons pas de pathos, mais comment ne pas être interpellé par Jeanne que nous avons fait entrer dans la tribu des enfants qui parlent, lisent et écrivent ; par Patricia, Gertrude et Thibault qui parlent, lisent et écrivent, mais ne comprennent pas ce qu'ils lisent ou le comprennent de travers. Puis vous avez vu passer Colin, qui a besoin pour lire de la baguette magique de Harry Potter et Sylvette qui, comme saint Thomas, ne croit que ce qu'elle touche. Vous avez souvent vu comment des productions linguistiques paraissant banales, pouvaient receler les indices de la panne.

Et à chaque panne, sa notice pour la réparation...

Vous avez maintenant une idée sur les patients rassemblés ici, vous avez compris qu'il s'agit, une fois diagnostiqués, de les soigner et de tenter de les améliorer, sinon de les guérir.

Mais vous, lecteur courageux, qui êtes-vous ?

Orthophonistes, qui, dans votre clientèle, rencontrez ces enfants qui résistent à vos techniques, à votre savoir-faire, parce qu'ils sont différents et relèvent d'un diagnostic différent. C'est bien pour trouver une solution que les auditeurs de mes séminaires de ces vingt dernières années se sont initiés aux troubles de type aphasique – à leur diagnostic et à leur thérapeutique. Alors, vous, vous aurez la patience de prendre les choses dès le début pour entrer dans un autre type de raisonnement et, crayon en main, vous suivrez les tours et les détours de ces modèles (a), (b), (c) le long des circuits.

Parents, vous avez reconnu les difficultés de vos enfants, ces gênes mal définies, mal étiquetées mais résistantes et invalidantes – pouvant conduire à de vrais renoncements, voire à des situations dramatiques. C'est votre intuition, imparable, qui vous a guidés et vous a fait comprendre, sans tout comprendre... et vous avez raison !

J'ai fait au mieux, on peut toujours faire encore mieux... Je n'ai jamais été emportée par le plaisir de théoriser, tout a été confronté à la réalité et aux résultats. Résultats chez des patients suivis par moi-même ou par mes élèves, en collaboration et en partageant les analyses, mises à l'épreuve sur le terrain.

Donc, merci de nous avoir accompagnés, merci d'avoir compris l'impératif besoin de traquer la panne et de la réparer.

Et tous les mécaniciens du Dr House, que nous avons formés continueront et de nombreux moteurs seront remis en marche...

ANNEXES

Petit dictionnaire des troubles de type aphasique

(a) défricheur : modèle interne dans l'installation de la représentation mentale orale, qui va permettre de s'assurer de la conformité de la production du sujet avec les modèles de l'inventaire des sons de la langue.

(a) fantôme : représentation mentale orale d'un proposé oral initial, qui a « écrit » le texte inerte, texte proposé à lecture ; il s'est effacé, mais sa présence virtuelle reste présente et joue un rôle dans la suite des opérations linguistiques – il est comme un fantôme.

Allègement : les mots ont un poids, une réalité physique mesurable, rien que par leur habillage acoustique ou graphique ; un excès de sens ou un isolement dans la phrase les alourdit, l'estompage de leur articulation en pratiquant la parole informe ou ventriloque les allège.

Attelage : l'association d'un sens et d'un formatage oral forme le mot et le passage en linguistique – le pouvoir de donner du sens – est le signe d'un changement de matière, d'une transsubstantiation.

Blancs : espacement entre deux mots à l'écrit, ce qui témoigne du supplément linguistique apporté par l'écrit ; il arrive que ces blancs, utilisant l'espace pour individualiser les mots se laissent déborder par leur expression physique et donnent des « espaces » qui ne sont plus la traduction spatiale d'un entremot oral, qui ne sont plus que physiques.

Dé-transsubstantiation : les phonèmes qui constituent les syllabes et les mots de la parole sont des produits acoustiques qui ont changé de substance en devenant linguistiques et en convoyant du sens selon leurs différents formatages : ils se présentent transsubstantiés. Lorsqu'ils sont entendus pour la première fois, ils doivent être bien identifiés pour dresser l'inventaire des sons de la langue, de ce fait leurs caractéristiques physiques sont accentuées en les libérant de leur charge linguistique. Voir **Transsubstantiation**.

Entremots : séparation des mots à l'oral ne se manifestant par aucun signe physique (il n'y a pas d'arrêt), le flux de la parole est continu, mais les mots sont séparés linguistiquement, selon l'intuition de la langue.

Formants : groupes de fréquences caractérisant un son, donc une consonne ou une voyelle.

Formatage : organisation mise en forme des différents phonèmes pour constituer les mots.

Harry Potter : désigne le jeune magicien dont la baguette magique, maniée en cabinet, permet de normaliser une lecture dont l'altération ne paraissait pas normale après un certain temps de rééducation ; il s'agit d'un *deus ex machina*, permettant d'agir sur une conversion hystérique sur la lecture. Les résultats peuvent être spectaculaires ; la présence de cette réaction névrotique a une incidence importante sur la conduite du travail aphasiologique.

Hyperphysifier : accentuation des caractéristiques physiques des phonèmes (formants constitutifs, modalités articulatoires) afin de mieux les individualiser pour les fixer dans l'inventaire des sons de la langue ; nous avons localisé ce processus dans un sens lors des premières entrées de parole.

Indivision : territoire du compartiment interne, au-delà du sas d'entrée après le compartiment moyen et au-delà du domaine des sosies (où aboutissent les mots après la dislocation de la phrase), lieu de l'organisation de la pensée.

Inventaire barbare : lieu de stockage des phonèmes de la langue, après leur analyse et leur extraction du proposé oral de la langue maternelle, grâce à l'aptitude à syllaber – et facilitée par leur dé-transsubstantiation physifiante dans le sas. Ainsi la parole maternelle entendue va livrer ses phonèmes (spécifiques à une langue), grâce à l'analyse favorisée par la syllabation, mais leur statut de phonème, une fois choisi, va être délaissé pour rendre plus prégnantes leurs différences acoustiques. C'est le catalogue de tous les sons de la langue, différent de l'alphabet qui ne les inclut pas tous – c'est pourquoi il est appelé « barbare », il ne prend pas en compte la réalisation de l'écrit qui explique pourquoi on ne trouve pas tous les phonèmes dans l'alphabet (/g/ par exemple).

Kinesthésique (modèle) : image des mouvements articulatoires nécessaires pour articuler un phonème ou une syllabe ou un mot.

Lallation : première production verbale de l'enfant, première issue hors le corps, d'une production « physique », dé-transsubstantiée, avec un retour à l'intérieur, pris en charge par le modèle (a) défricheur pour s'assurer de l'adéquation aux modèles référents de l'inventaire barbare.

Machine à avaler : comportement lexique rompant avec l'avancée « inexorable » du flux lexique, comme une machine qui avale, qui déroule du goudron sur la route sans sourciller ; il se traduit par des arrêts intempestifs devant des mots ne présentant aucune difficulté ni phonétique, ni sémantique. On compare aussi cette prise de conscience exagérée des mots que l'on rencontre dans la progression au comportement d'un escargot de Bourgogne, qui sort ses cornes pour explorer l'obstacle rencontré.

Module spatial : est une dérivation du schéma, lieu de l'humanisation de la production dé-transsubstantiée des sons par la prise en charge par la voyelle vide et le dressement concomitant de l'alphabet. Ces sons proviennent du modèle (b) parlé intérieur, réplique confirmée du modèle étranger.

Objets mentaux : d'après Changeux, cité en référence – p. 22 –, les images mentales, les représentations construites par le cerveau de l'homme ont une réalité physique. « Le sujet fait tourner mentalement une *représentation* de l'objet, une "image mentale" qui se comporte *comme si* elle possédait une rigidité physique et même une vitesse de rotation mesurable. »

Opercule rolandique : région du cortex cérébral située dans la partie inférieure du gyrus précentral (frontale ascendante), unie latéralement au gyrus postcentral (pariétale ascendante).

Parole informe : ou parole ventriloque, production à peine articulée et floue, mais restant néanmoins intelligible ; elle entraîne un allègement du poids des mots.

Phonèmes : sons d'une langue caractérisés par un ensemble de traits acoustiques, en rapport avec une modalité articulatoire précise et dont l'opposition à d'autres sons permet de faire du sens.

Poids des mots : varie avec la prégnance du sens et la forte individuation physique des phonèmes composant le mot ; lorsque le mot est dans une phrase (ce qui est son sort normal, car on ne pense et ne parle que par phrases) il doit s'alléger, perdre de son individuation pour s'intégrer à la phrase ; c'est ce que nous obtenons dans la parole informe.

Potentialité d'écrit : voir **Virtuel.**

Préalables : ce sont des conditions d'ouverture de tout le système linguistique ; il s'agit d'une saisie des fonctions lourdes d'un potentiel de représentations impliquées dans la construction de tout le fonctionnement psychique et cognitif : la mémoire, le geste, l'oculo-motricité, les organes bucco-phonatoires, la main écrivant des lettres ; il s'agit de savoir que la mémoire sert à retenir, l'œil à regarder, le geste à représenter, la bouche à parler. D'où les préalables correspondants (*in* Gelbert Gisèle, *Lire, c'est vivre*, p. 83, Paris, Odile Jacob, 1994).

Sas : compartiments de transition ; il y en a trois :
– à l'entrée du compartiment moyen à partir du proposé oral se trouvant dans le compartiment externe, c'est là que se fait la dé-transsubstantiation ;
– à l'entrée du compartiment interne, où se fait la « compréhension », où l'attelage sens/formatage des mots dans la phrase se déleste du sens et alimente le cognitif – selon un processus que nous ne connaissons pas ; c'est après l'avoir franchi et en entrant dans le compartiment interne que la phrase se disloque ;
– un troisième dans le compartiment interne, entre l'espace où se situent les sosies et un espace en indivision où s'élabore la pensée – ici aussi par des processus que nous ignorons.

Serpentin : plusieurs mots agglomérés en un seul ; il y a assimilation totale des deux flux oral et graphique, et ignorance de la dynamique entremots/blancs ; il y a des serpentins phonétiquement fidèles et d'autres jargonnés.

Sosies : représentation graphique, sous forme de sphère, des mots dans le compartiment interne ; le terme de sosie a été retenu à partir d'une modélisation du fonctionnement pour une langue étrangère. Ils sont composés de trois couches : l'image ou le concept, le formatage oral et le formatage graphique.

T1 : gyrus temporal supérieur ou première circonvolution temporale.

Temps opératif : dans la théorie guillaumienne est le temps nécessaire à une opération de langage.

Transformation : résultat de la conjonction de la correspondance son/graphie et du déroulement de l'oral dans l'écrit et, changement de support de l'oral à l'écrit ; cela donnerait un serpentin phonétiquement fidèle si elle n'avait pas intégré la dynamique entremot/blanc.

Transmutation : de façon quasi concomitante à la transformation, intégration de la marque du pluriel, qui traduit une saisie de pensée et des graphies inertes avec des « fixés » devenus possibles.

Transsubstantiation : voir **Dé-transsubstantiation**. Voir aussi Proust dans une lettre à Lucien Daudet (datée du 27 novembre 1913), citée par Julia Kristeva *in* « La transsubstantiation selon Marcel Proust », article dans le n° 603-604 de *La Nouvelle Revue française*, mars 2013, où, citant cette lettre, elle écrit : il évoque une manière d'écrire « où s'est accompli le miracle suprême, la *transsubstantiation* des qualités irrationnelles de la matière et de la vie dans des mots humains ».

Treillage : marquage de la place des mots séparés par les entremots, en particulier résultat de l'action du modèle (b), image de (a), sur (b').

Vierge : qualifie un entremot d'une parole spontanée ou entendue, par contraste avec un entremot accouché, qui provient de la reconversion d'un blanc comme en oralisation de lecture.

Virtuel : qualifie soit un produit (comme le (a) fantôme) soit un circuit (comme l'ensemble des circuits virtuels internes et externes), se différencie de la potentialité qui est une action en puissance non accomplie ; la virtualité concerne un effacement de quelque chose d'accompli, mais non sa disparition et nécessite une traçabilité de bonne qualité.

Les dix planches du schéma
des fonctions linguistiques

PLANCHE 1

Ce modèle pourrait représenter l'enfant à la naissance. Dans le *compartiment moyen*, siège des représentations mentales (entre le compartiment externe, siège du donné sensoriel, et le compartiment interne, siège du sémantisme), est figurée en pointillé, sur une forme circulaire, la *représentation mentale orale* non encore réalisée, dont l'enfant est porteur – son cerveau est fait pour parler. Le proposé oral est à l'extérieur et n'est pas encore en rapport avec le compartiment moyen, il n'y a pas eu d'entrée – ce qui explique le pointillé, potentialité non encore réalisée.

Cette structure portée par l'enfant, dès avant toute parole extérieure, située en compartiment moyen, comporte de façon plus précise :

– la figuration en pointillé de ce qui sera la représentation mentale orale ;

– une calotte surmontant ce cercle, qui est le *modèle interne premier oral* ;

– un circuit, toujours en pointillé, qui part de cet ensemble en secteur oral (panneau supérieur) et tient appendue en pointillé, en secteur écrit (panneau inférieur), une calotte. Elle indique la future *représentation mentale graphique*. Sa réalisation ultérieure dépend pour une part de l'apport extérieur, mais elle est déjà potentiellement dépendante de l'oral – incluse dans l'oral. C'est le circuit suspenseur et nous situons en bas le *modèle interne premier graphique*.

Planche 1

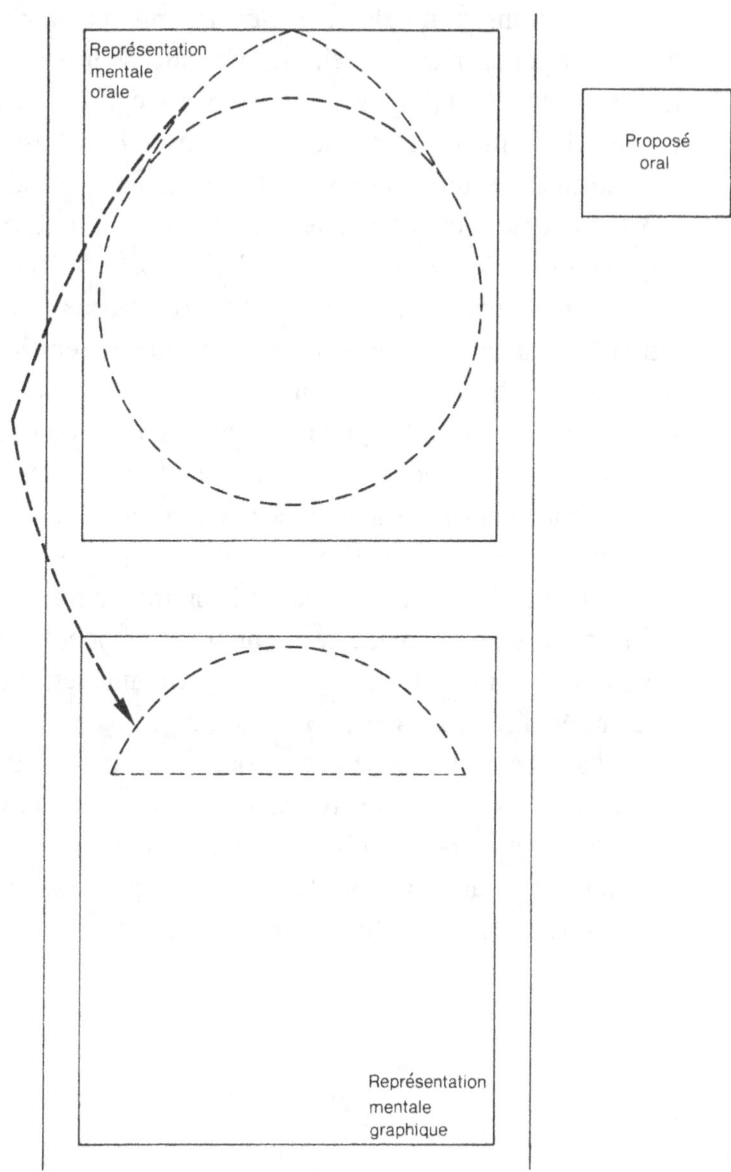

Représentation mentale orale non encore réalisée.

PLANCHE 2

La « réalisation » de ce *modèle interne premier oral*, se traduisant par le tracé en plein de la calotte, se fera dès la première entrée d'un proposé oral – disons dès les premières paroles de la mère. Le passage du *proposé oral étranger* du compartiment externe au compartiment moyen, « réalise » le modèle interne premier et il se fait par le circuit n° 1, que l'on appellera *premier circuit n° 1* car il est appelé à disparaître.

La parole entendue par le nourrisson, grâce à une disposition à syllaber, va être analysée – en même temps qu'elle modèle son affectivité. Elle imprime, comme sur de la cire, un *étalon*, une trace des phonèmes entendus (avec leurs trois composantes auditive, kinesthésique et visuelle), qui servira de référence pour la mise en place de l'ensemble du système. Lorsque l'alphabet aura été entièrement « imprimé », le nourrisson « entendra » différemment : le premier circuit n° 1 disparaîtra ; cédant la place aux entrées déjà identifiées, qui n'auront plus à constituer l'inventaire. Simultanément se fait une entrée directe au sens, d'un autre type.

Tous ces fonctionnements sont internes et s'effectuent sans issue vers l'extérieur. Il s'agit d'une mise en place à partir de la structure portée à la naissance par l'enfant et à la suite de l'impulsion apportée par les premières paroles entendues. La première sortie se situera sur la planche 5.

Planche 2

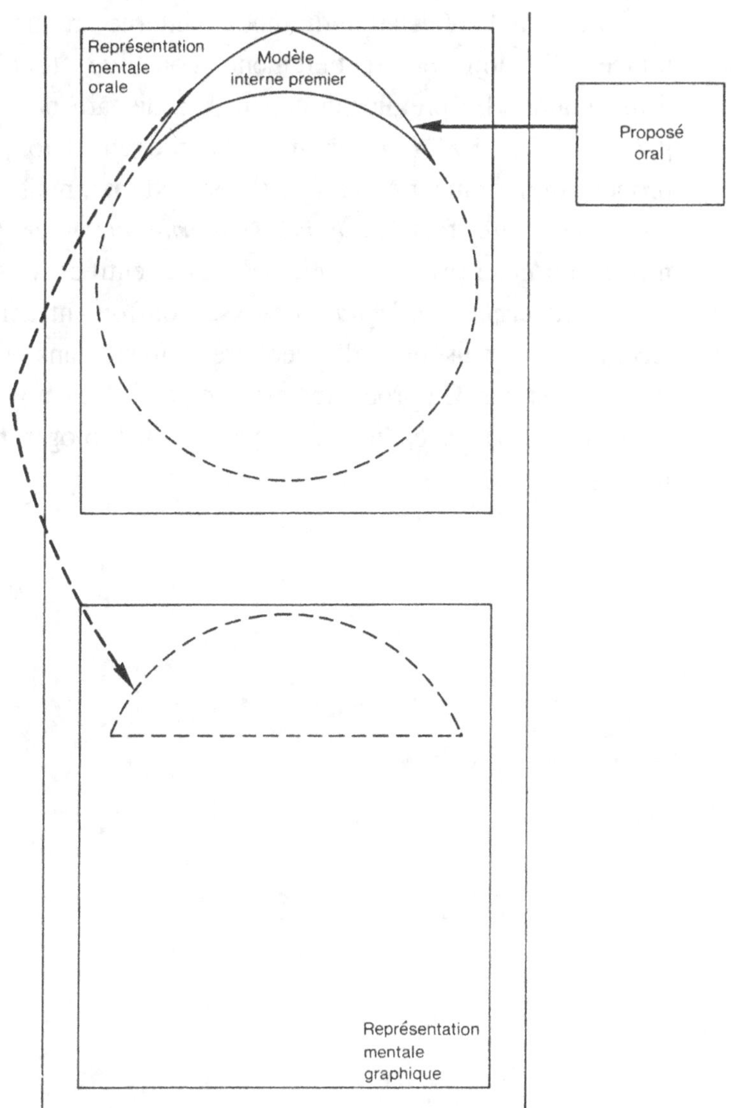

Début de réalisation de la représentation mentale orale.

PLANCHE 3

Lorsque la réalisation du modèle interne premier est terminée, l'étalon est entièrement constitué (épuisement d'inventaire). Le premier circuit n° 1 a disparu et a cédé la place au *circuit n° 1 proprement dit*, provenant toujours du proposé oral étranger en compartiment externe, mais donnant naissance cette fois au *modèle interne étranger (a)*. Ce modèle étranger (a), au fur et à mesure des entrées, va se livrer à une *recherche d'adéquation* en se confrontant à l'étalon. Ceci jusqu'à épuisement d'inventaire – stocké dans le modèle interne premier. Ce processus est comparable à un processus de reconnaissance en informatique ou en biologie moléculaire.

Planche 3

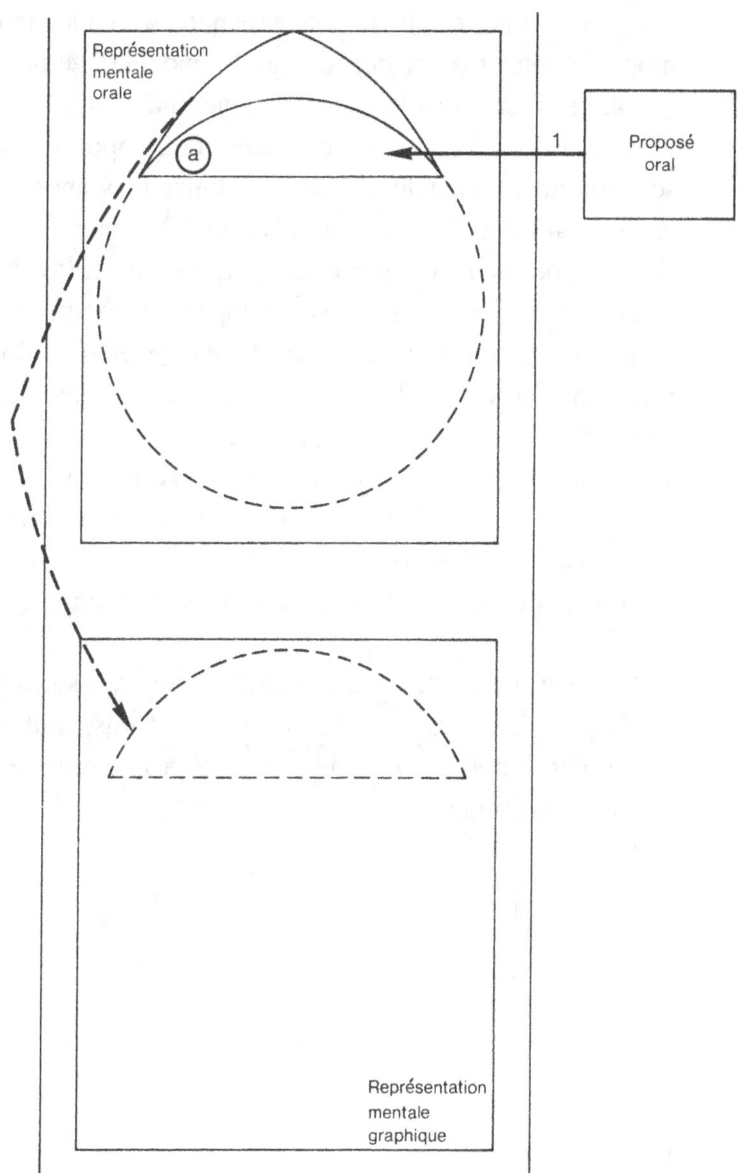

Représentation mentale orale : le modèle interne étranger.

PLANCHE 4

Une fois terminée cette recherche d'adéquation du modèle étranger (a) se confrontant au modèle interne premier – étalon –, ce modèle (a) va donner naissance au *modèle interne propre* (b), tributaire indirect de l'apport extérieur. Il se distingue du modèle (a) qui lui a donné naissance, non seulement par la hiérarchie générative, mais encore par sa pérennité, s'opposant à la fugacité du modèle étranger (a), due à son caractère oral et dépendant de l'apport extérieur. Dans certaines circonstances, pendant la période de lallation, lors de la répétition ou lors de l'apprentissage d'une langue étrangère, ce modèle étranger (a) peut perdurer.

En même temps que (b) est généré par (a), se met en route le *circuit n° 7* reliant (b) au compartiment interne, au sémantisme (première liaison précise, puisqu'une entrée « globale » de sens a déjà eu lieu, dans les premiers jours de vie).

Ainsi, ce modèle interne oral étranger, « souvenir » de ce qui a été dit, fixé et retenu un instant, disparaît et laisse place à son image, au modèle interne propre, qui ne dépend plus de l'extérieur.

Planche 4

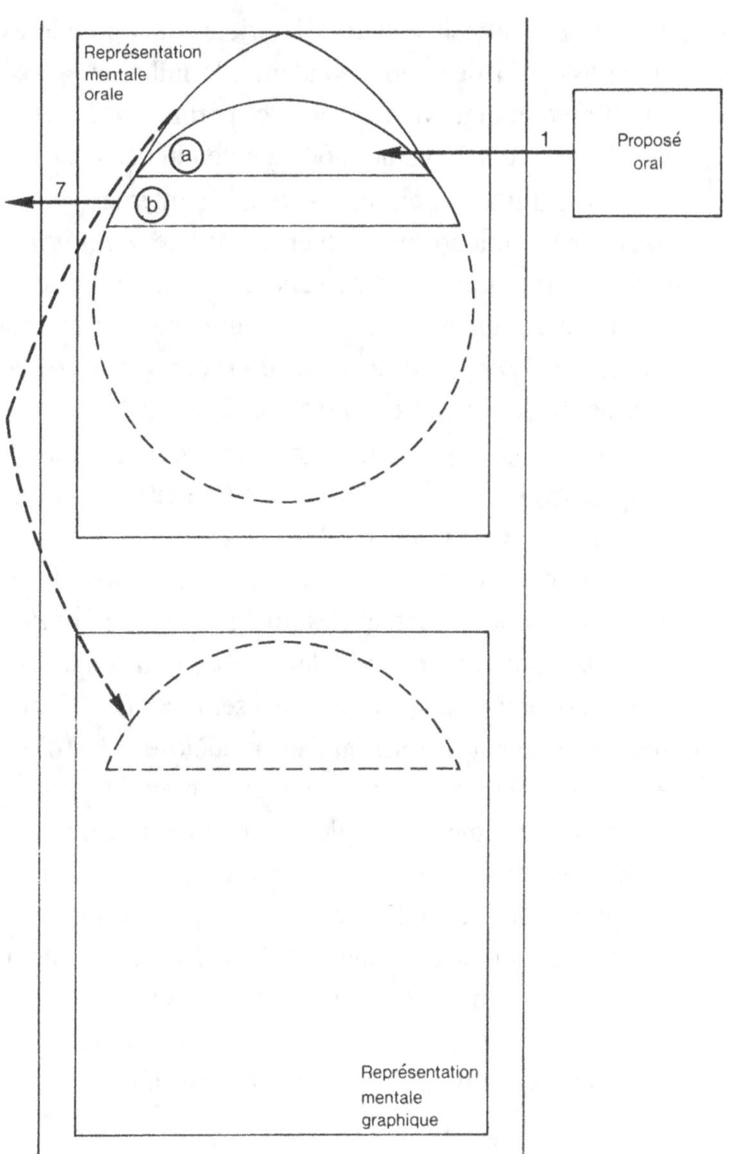

Représentation mentale orale : le modèle interne propre b.

PLANCHE 5

Après cette installation intérieure, les premières sorties apparaissent. Elles correspondent à la lallation, avec son circuit d'autorégulation, de *feed-back* permettant l'ajustement de la production du bébé au modèle entendu dans son entourage.

Auparavant, l'entrée du modèle interne (b) en sémantisme, en compartiment interne, par le *circuit n° 7*, aura entraîné un retour du sens vers le compartiment moyen, par ce même circuit n° 7 qui est à double sens et la création du *modèle interne propre* (b'), issu donc du compartiment interne *via* le sens interne/externe du circuit n° 7.

C'est la juxtaposition de ces deux modèles internes propres (b) et (b') qui autorise la sortie et donne naissance au *circuit n° 2*. Ce circuit produit la *réalisation phonatoire*, qui devient un nouveau *proposé oral propre* (et non plus étranger) et enclenche le processus d'autorégulation de la *lallation*.

Pendant cette période, le proposé oral propre (la réalisation phonatoire du nourrisson) sera confronté au modèle interne étranger (a) servant de modèle et non d'étalon. En effet, ce modèle interne étranger – première possibilité de représentation mentale orale, reproduction de ce que le nourrisson entend – n'a pu exister qu'après confrontation (recherche d'adéquation) à l'étalon que constitue le modèle interne premier. L'étalon est la référence permettant aux modèles qui suivront d'exister ; son émergence est la « réalisation » de la disposition du cerveau humain à la parole – à la disposition à syllaber. Il est fixe et constant.

Cette confrontation du modèle interne étranger à l'étalon s'est faite pendant la période silencieuse. Nous sommes ici en période parlante, avec des sorties : la réalisation phonatoire de l'enfant donnera le modèle interne propre, qui sera lui-même confronté au modèle interne étranger auquel il doit ressembler. La fugacité du modèle interne étranger (ce que l'on dit au nourrisson et ce qu'il entend) sera compensée par une alimentation itérative.

PLANCHE 6

Le *circuit virtuel n° 1* se met en place. Il est parcouru, lors de la création de l'écriture, puis lors de l'apprentissage de l'écrit chez l'enfant, avec l'aide du pédagogue.

Son point de départ se situe au niveau de l'ensemble constitué par les modèles internes propres en oral (b) et (b'). Son parcours n'est pas obligatoire (il dépend de l'alphabétisation), mais sa trace, sa « virtualité » – avant ou après son parcours « réel » –, est structurellement et inévitablement présente. Elle dépend de la potentialité d'écrit qui est dans l'oral, ce qui conditionne le bon fonctionnement de toute la machine linguistique. On pourrait dire « cerveau bien écrit ou cerveau mal écrit ».

Le *graphisme* est créé par le geste effecteur externe qui suit le circuit virtuel n° 1, au moment de la création de l'écriture. Il va entrer en compartiment moyen par le *circuit virtuel n° 2,* qui va « réaliser » la représentation mentale graphique, transformant le pointillé en trait plein.

La calotte appendue à la représentation mentale orale par le circuit suspenseur, qui traduisait l'appel à l'écrit, la potentialité d'écrit dans l'oral, va être réalisée et constitue le *modèle interne premier graphique.*

Planche 5

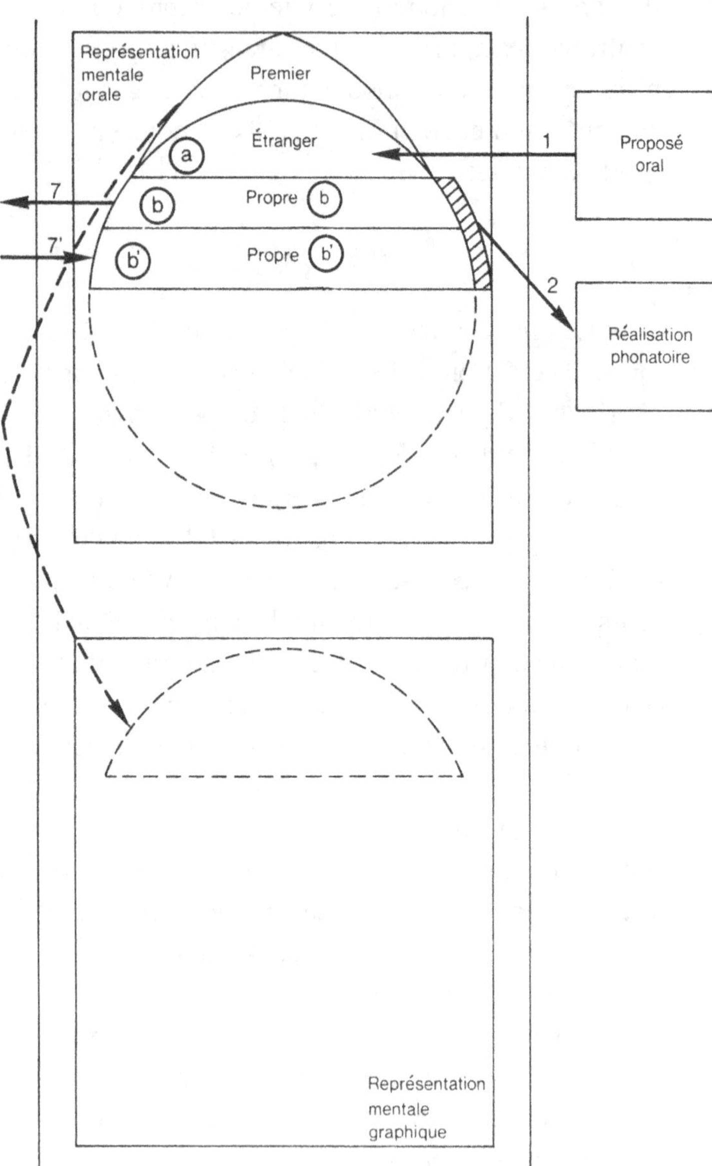

Représentation mentale orale : modèle interne propre b', premières sorties.

Planche 6

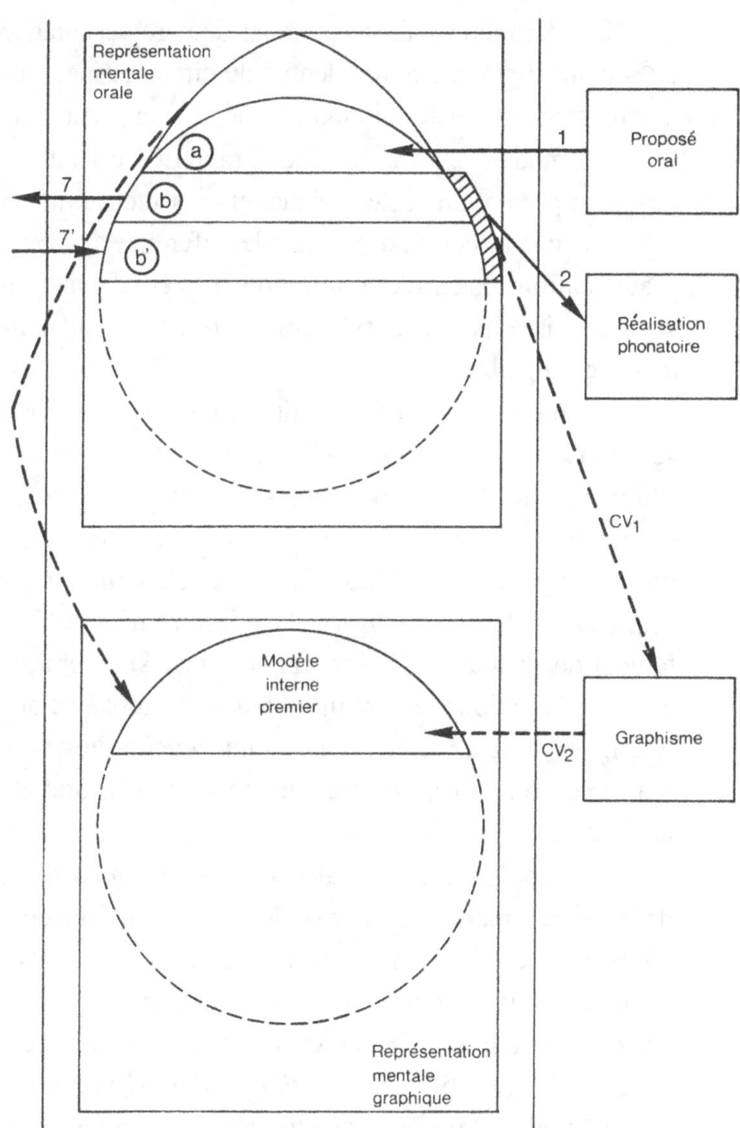

Les circuits virtuels. Réalisation de la représentation mentale graphique.

Planche 7

Les premières liaisons entre les deux représentations mentales orale et graphique (en dehors du circuit suspenseur) s'installent, siège de l'activité linguistique en compartiment moyen.

Le modèle interne premier graphique est aussi un étalon ; comportant un secteur visuel et un secteur kinesthésique. Il va se constituer pour servir de référence à la recherche d'adéquation des entrées ultérieures. Il répond aussi à un épuisement d'inventaire, mais il comporte un secteur particulier, le secteur épellation.

En même temps que se fait la montée par le *circuit n° 5*, se déposent les graphèmes, l'*alphabet écrit* – rappelons que l'alphabet est d'abord oral, dans le *secteur épellation*, placé en dérivation, dépôt, jusqu'à épuisement de l'inventaire. Pendant cette période de dépôt, il y a montée concomitante avec ce circuit n° 5, du *circuit n° 9*. Ce circuit n° 9 est issu directement du secteur épellation, il aboutit aussi en oral, mais il y a alors séparation. Le circuit n° 5 donne naissance au modèle interne (c) et le circuit n° 9 au *secteur épellation en oral* (secteur d'écrit en oral). Les secteurs épellation en oral et en écrit ne sont pas symétriques.

Le modèle interne oral (c) est aussi une « réalisation » de la représentation mentale orale : elle se fait lors de l'arrivée couplée, première chronologiquement, des circuits n° 5 et n° 9. Cependant ce modèle se trouve à distance de la partie supérieure de la représentation mentale orale, comprenant les modèles (a) (b) (b') ; ce *no man's land* est voulu et signifie que ce modèle (c) n'est pas obligatoire. Il dépend de la réalisation de l'écrit qui peut ne pas se faire et n'être que potentialité portée par l'oral, sans aucune expression.

Aussitôt créé, le modèle interne (c) se lie au modèle interne propre (b) par une liaison c/b ; la liaison avec (b) indique une liaison avec l'ensemble (a)(b)(b'), puisque (b) vient de (a) et (b') de (b).

L'oral portait un appel à l'écrit, figuré par le circuit suspenseur et le pointillé du secteur graphique. Mais l'oral était « gros » de cet écrit. Cependant nous n'avons pas figuré cette présence potentielle d'écrit *dans* l'oral, car elle ne pouvait prendre forme qu'en se réalisant lors de la création de l'écriture : c'est le modèle (c), non obligatoire.

L'étalon est secret (mais une sortie du secret figure déjà dans la disposition à parler du cerveau humain) ; l'écriture est une « présentation » de cet étalon qu'elle dévoile : le dépôt des graphèmes figurant les phonèmes est figuré par le secteur épellation. Ce secteur est disponible, visible, en même temps que se constitue un autre étalon, non dévoilé, servant de référence silencieuse aux futures entrées graphiques : c'est le modèle interne premier graphique.

L'inventaire oral (constituant l'étalon oral après épuisement) ne pouvait être fixé pérennisé car c'était un produit acoustique. L'inventaire graphique va lui aussi constituer l'étalon écrit quand tous les graphèmes de l'alphabet auront été passés en revue. Il aura cependant la particularité de pouvoir être « mis en vitrine » grâce au secteur épellation. Ce secteur pourra servir à tester l'étalon, mais surtout à extérioriser le double statut de la voyelle[23].

Le retour à l'oral (la représentation mentale orale étant la source de toutes les sorties) se fera par un circuit permettant

---

23. Possibilité pour la voyelle « pleine », faisant du sens en alternant, de se vider et de devenir une voyelle d'appel permettant « d'appeler » les consonnes : « té, pé, èl, etc. ».

à la fois de retester l'étalon et de créer un modèle interne oral (c) à partir d'une représentation mentale de l'écrit. Cette double possibilité se manifeste par le couplage des circuits n° 5 et n° 9.

Planche 7

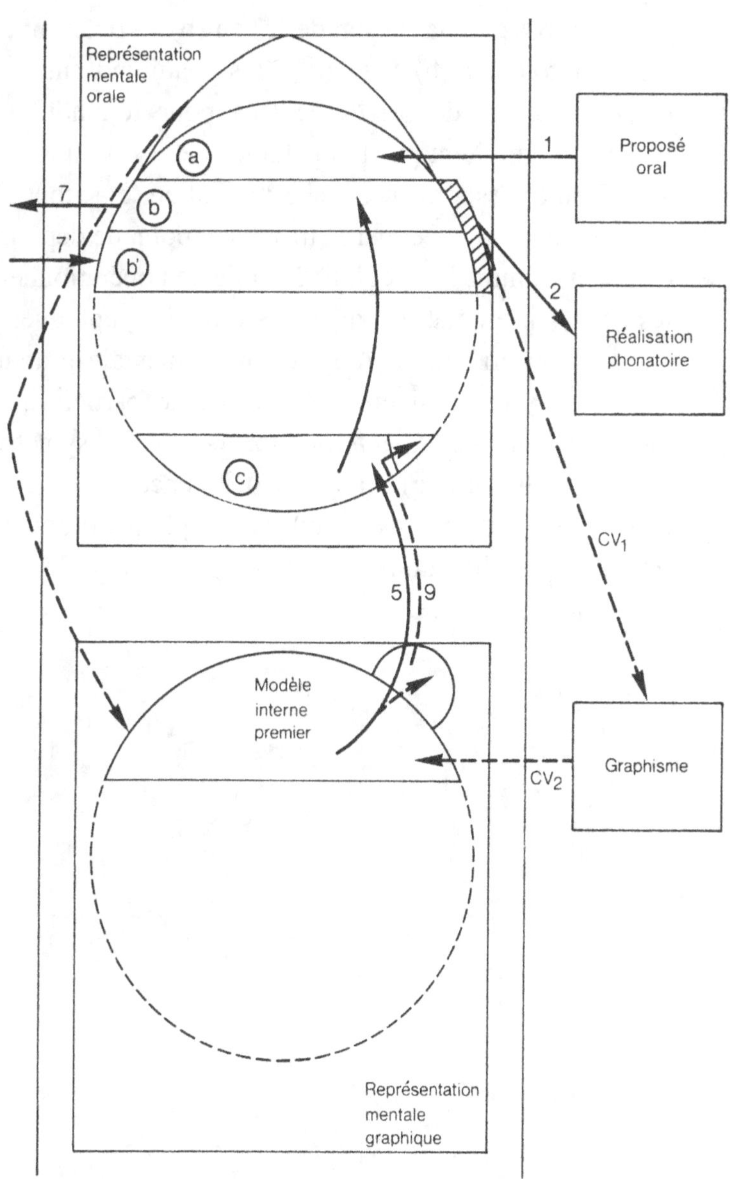

La représentation mentale graphique : le secteur épellation.

PLANCHE 8

L'arrivée de la liaison de (c) en (b) va déterminer aussitôt un retour de (b) vers (c), et s'y adjoindront les autres liaisons partant de (a) et de (b') pour rejoindre (c). Ces liaisons ne méritent pas l'appellation de « circuit ».

Toutes ces « racines » aboutissant en (c) seront constitutives du *circuit n° 6* et permettront son point de départ. Ce circuit sera, comme le circuit n° 5, la liaison opérationnelle entre les deux représentations mentales orale et graphique.

À son arrivée en représentation mentale graphique, le circuit n° 6 va aussi en « réaliser » une partie, en donnant naissance au *modèle interne propre (f)*. La symétrie n'est qu'apparente entre (c) et (f) : à la différence de (c), (f) est obligatoire ; c'est de ce modèle interne graphique propre que partira de façon obligatoire le circuit n° 4, assurant la réalisation graphique extérieure.

Planche 8

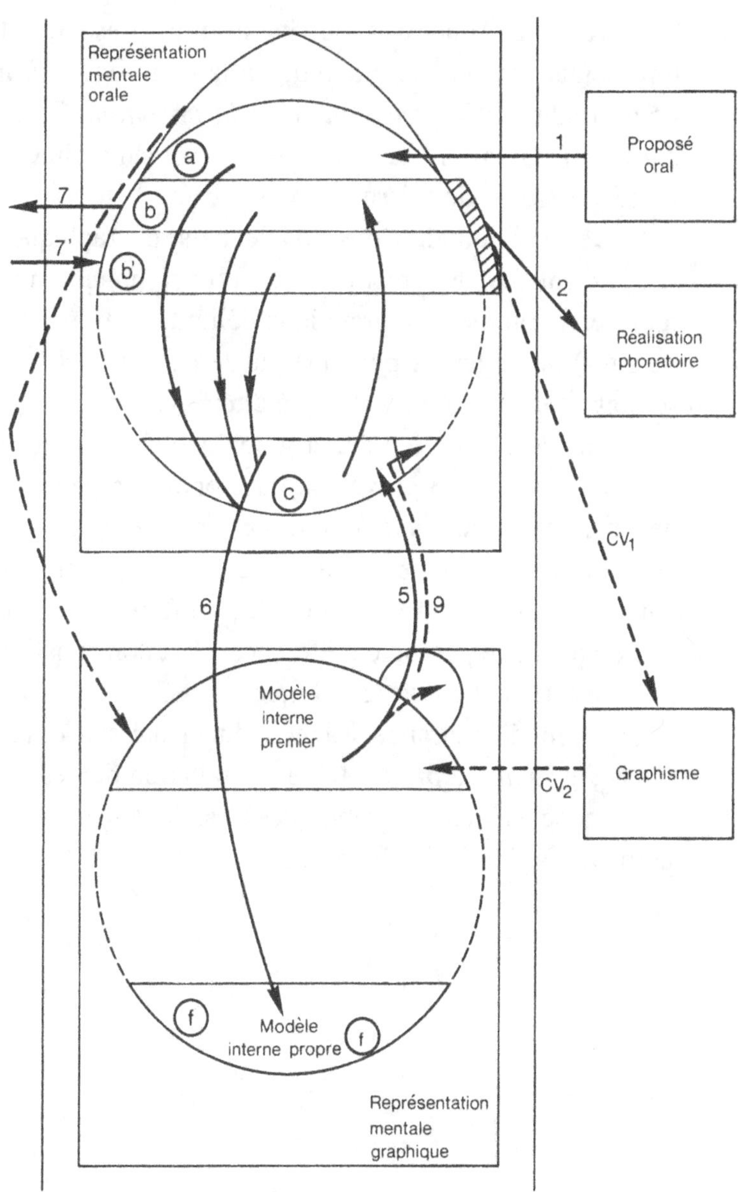

Liaison entre les représentations mentales orale et graphique : le circuit n° 6.

PLANCHE 9

Tous les processus décrits jusqu'à présent, reliant la représentation mentale graphique à la représentation mentale orale, traduisent *la réalisation de la potentialité d'écrit qui était dans l'oral.* Les processus suivants intéresseront l'« expression » de l'écrit.

Dès l'installation du modèle interne graphique propre (f), les entrées du graphisme en compartiment moyen (en représentation mentale graphique délimitée par les opérations décrites) ne se feront plus que par le *circuit n° 3.* Comme il se doit pour un circuit virtuel, le circuit virtuel n° 2 qui a réalisé le modèle interne premier graphique ne sera plus utilisé.

Ce circuit n° 3 provenant du proposé graphique va donner naissance au *modèle interne graphique étranger* (d), lequel a une pérennité qui manque à son équivalent oral, de par leurs modalités sensorielles différentes, avec une recherche d'adéquation en référence à l'étalon constitué par le modèle interne premier graphique.

Ce modèle étranger (d) va donner naissance au *modèle interne graphique propre* (e). L'installation de ces deux derniers modèles internes graphiques étranger (d) et propre (e) va permettre à l'écrit de s'exprimer.

Planche 9

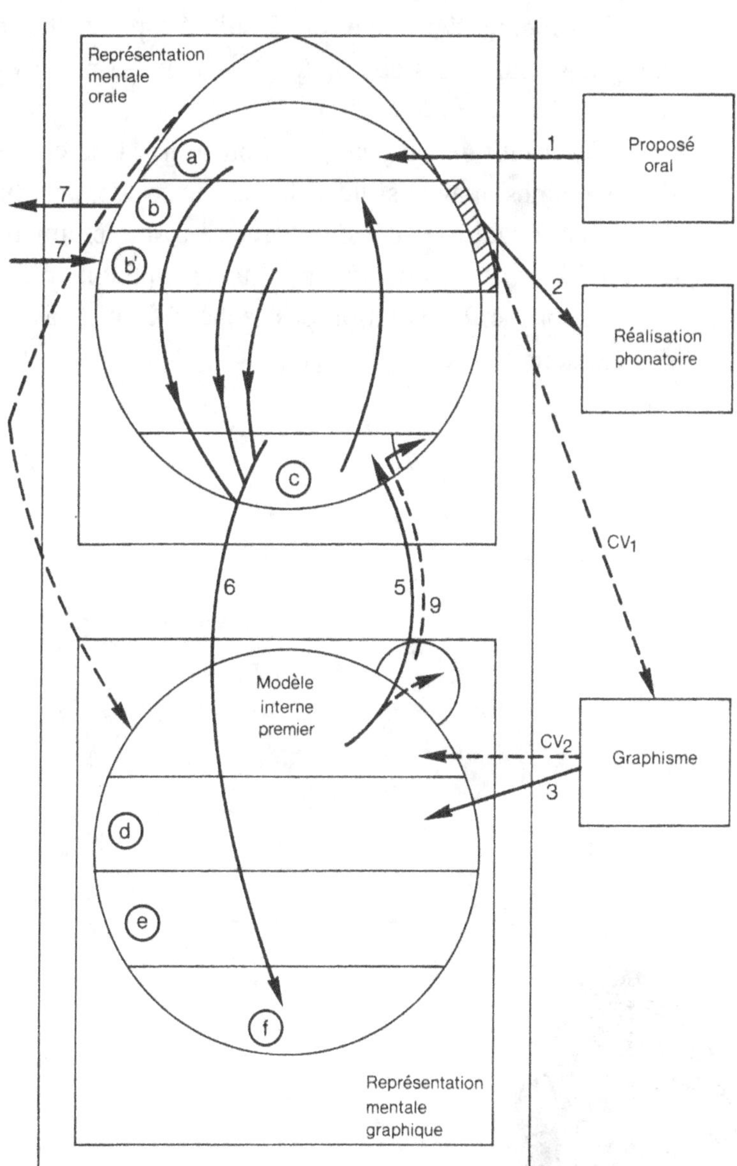

Les modèles internes en représentation mentale graphique.

PLANCHE 10

Les racines définitives du circuit n° 5 peuvent se rassembler, elles sont issues de (f), de (d) – quand il persiste – et de (e).

Ce *circuit n° 5 définitif* est constitué par la convergence de ces racines, mais il s'individualise en se séparant du circuit n° 9 avec lequel il était monté dans sa forme première.

Le *circuit n° 8* qui figurait sur les versions précédentes a été supprimé. L'évolution des recherches n'a pas confirmé son existence.

Planche 10

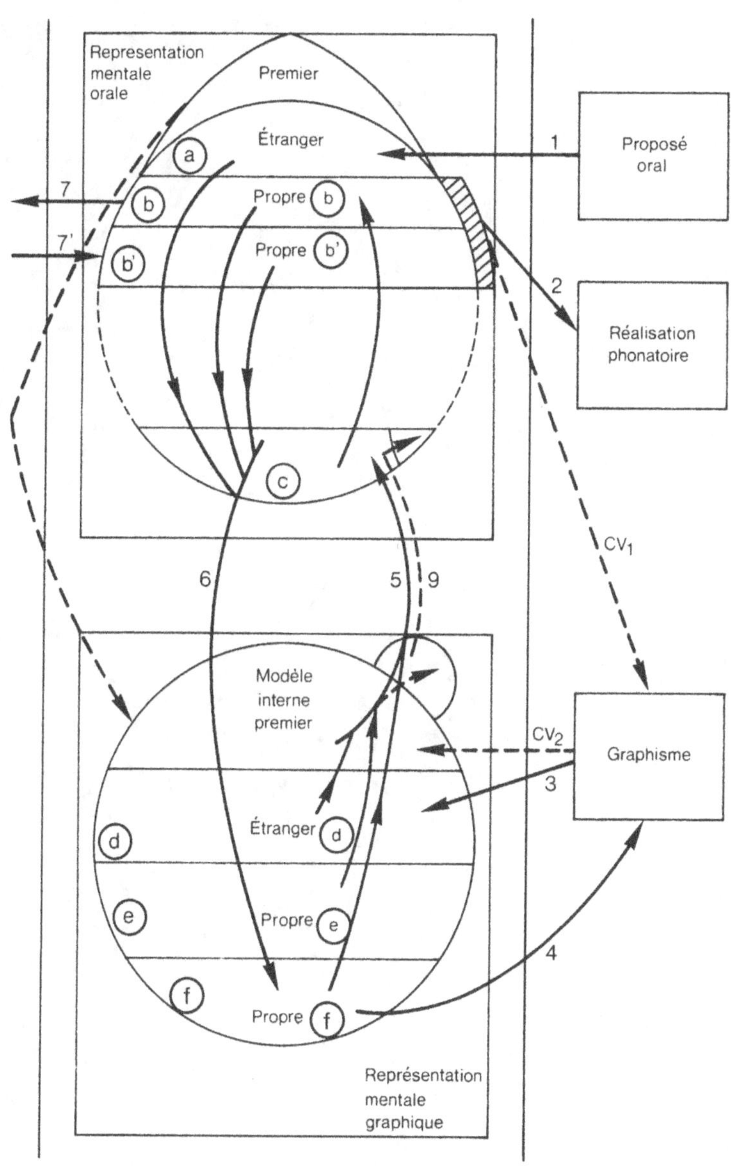

Schéma des fonctions linguistiques.

177

Les modèles internes

Les cinq planches
du schéma des modèles internes

SCHÉMA N° 1

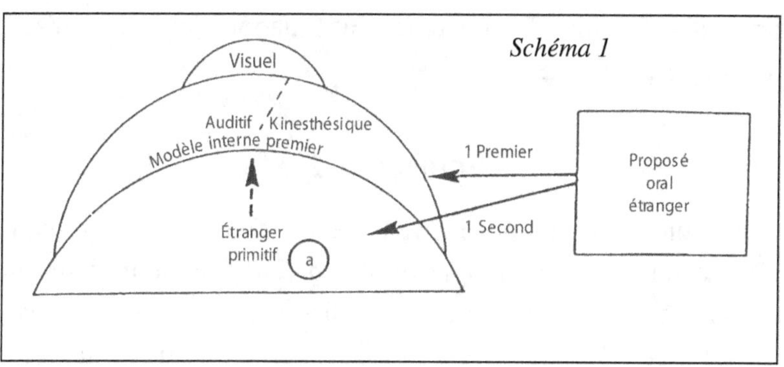

Le modèle interne oral premier, calotte surmontant la structure, est formé des trois secteurs, auditif, kinesthésique et visuel. Il figure d'abord en pointillé, sur la planche n° 1, car il s'agit d'une potentialité portée par l'enfant à la naissance qui se réalisera (se tracera sur notre schéma en traits pleins) dès l'entrée du *premier circuit n° 1*, venant de l'extérieur, provenant du *proposé oral étranger* – premières paroles entendues. Sa réalisation se terminera lors de l'extinction de l'inventaire.

Le modèle interne oral (a) étranger primitif va naître sous l'impulsion du *circuit n° 1 second*, c'est-à-dire celui qui succédera au précédent circuit n° 1 qui disparaît lorsque l'inventaire est épuisé. Il va initier une recherche d'adéquation active avec le modèle interne premier. Il est aussi tributaire de l'extinction de l'inventaire – il reproduit l'inventaire fixé sur le modèle interne premier et il s'effacera, mais en laissant une rémanence virtuelle. Cependant, il ne sera plus opérationnel et sera par essence fugace.

Il n'y a toujours aucune sortie, il ne se produit que des entrées et des aménagements intérieurs. Cet ensemble constitue le préalable bucco-phonatoire : potentialité du modèle interne premier et sa réalisation par le premier circuit n° 1, entrée du second circuit n° 1 et création du modèle interne (a) étranger primitif qui initie la recherche d'adéquation, jusqu'à épuisement de l'inventaire.

Schéma n° 2

Après épuisement d'inventaire et effacement du circuit n° 1 second, l'entrée du *circuit n° 1 définitif* (toujours issu du proposé oral étranger) va donner naissance au *modèle interne (a) étranger défricheur*. Ce modèle interne va utiliser la voie frayée par le modèle interne (a) primitif dans la confrontation à l'étalon (le modèle interne premier), c'est-à-dire la recherche d'adéquation.

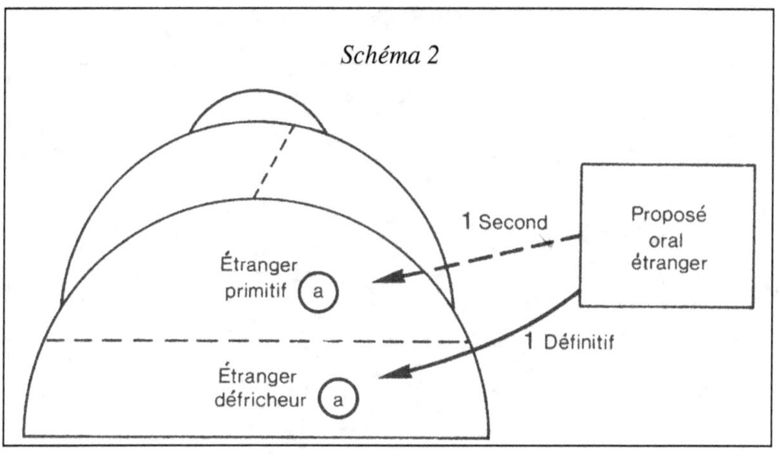

SCHÉMA N° 3

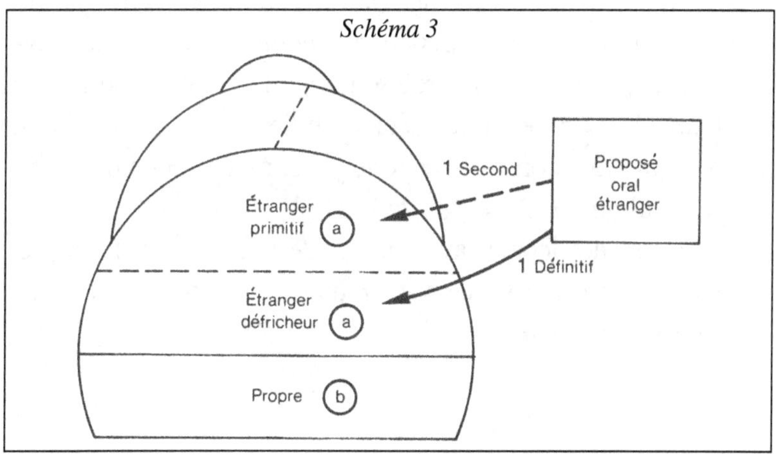

Ce modèle interne oral (a) étranger défricheur n'est aucunement limité par l'inventaire et va donner naissance au *modèle interne oral (b) propre*, avec lequel il coexiste de façon symbiotique, avant toute issue extérieure.

Schéma N° 4

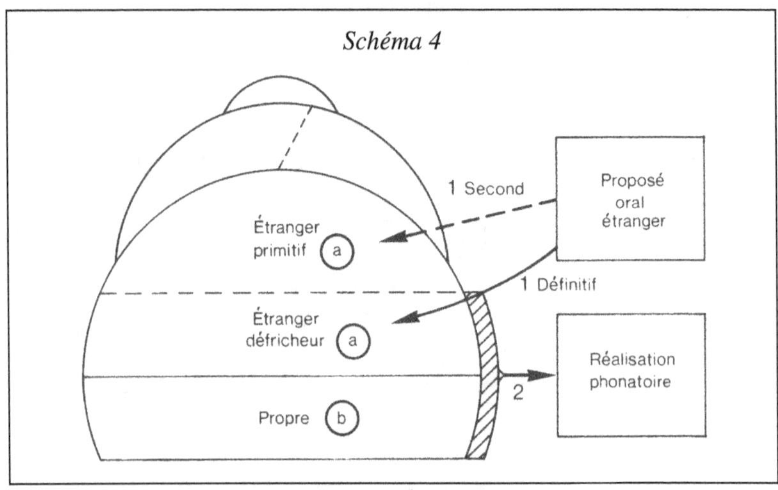

Toutes conditions réunies (alimentation extérieure par un proposé oral normalement renouvelé, équilibre relationnel psycho-affectif, maturation neurologique), une première sortie par le *circuit n° 2* sera possible. Ceci va initier le *feed-back*, circuit d'autorégulation, correspondant au jasis, à la période de la lallation. Le circuit n° 2 est issu de la symbiose du modèle interne (a) étranger défricheur avec le modèle interne (b) propre, auquel il a donné naissance. Ce circuit n° 2 va donner naissance à la *réalisation phonatoire*.

Schéma n° 5

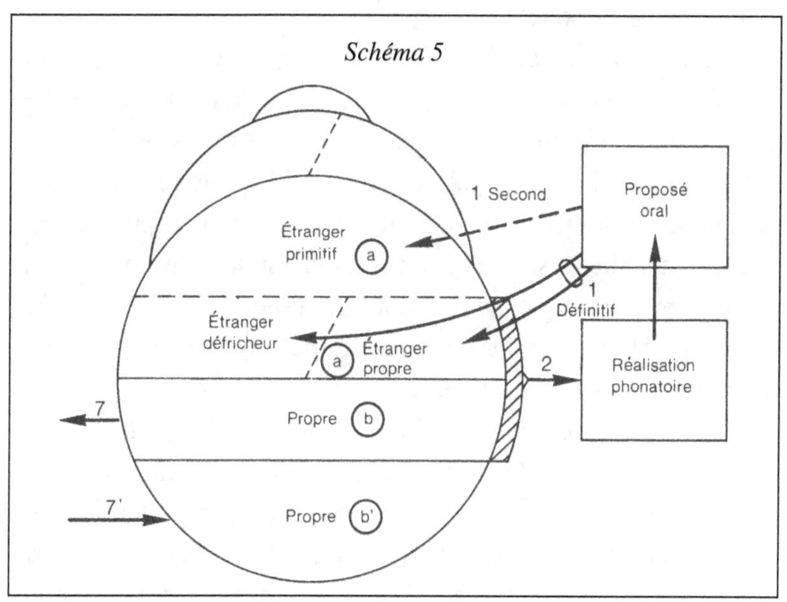

La réalisation phonatoire, issue de l'association symbiotique du modèle (a) interne étranger défricheur et du modèle (b) interne propre, par le circuit n° 2, devient le *proposé oral propre* et va faire une première entrée en représentation mentale orale par le circuit n° 1 définitif. Elle va y transformer immédiatement le modèle interne (a) étranger défricheur en un *modèle interne (a) étranger/propre* (c'est-à-dire provenant de sa propre parole).

La boucle d'autorégulation, initiée par le premier circuit n° 2, va mettre en jeu le trio : modèle interne (a) étranger défricheur, modèle interne (a) étranger/propre et le *modèle interne (b) propre*. La boucle d'autorégulation est un inventaire associé à une recherche d'adéquation perceptive et kinesthésique. Le modèle interne (a) défricheur est doté d'une certaine rémanence et coexiste avec le modèle interne (a) étranger/propre jusqu'à extinction de la boucle.

Cette rémanence du modèle interne (a) défricheur sert de contrôle à la correction de la recherche d'adéquation vers le modèle interne premier. Si l'adéquation n'est pas bonne, il se fait une nouvelle issue par le circuit n° 2 pour redonner une meilleure version du modèle interne (a) étranger/propre, par ajustements successifs. Si l'adéquation est satisfaisante, il y a disparition du couple actif modèle interne (a) étranger défricheur/modèle interne (a) étranger/propre, pour céder la place à un modèle interne (a) banal.

La naissance de ce modèle interne (a) étranger banal, par disparition du couple actif, va permettre la réalisation du *modèle interne (b) propre autonome* – jusque-là il n'existait que symbiotiquement avec le modèle interne (a) étranger défricheur. Le modèle interne (a) étranger banal est par nature fugace et, en créant le modèle interne (b) propre, il lui cède la place et s'efface – mais il pourra à nouveau être suscité dans d'autres contextes.

Les schémas avancés

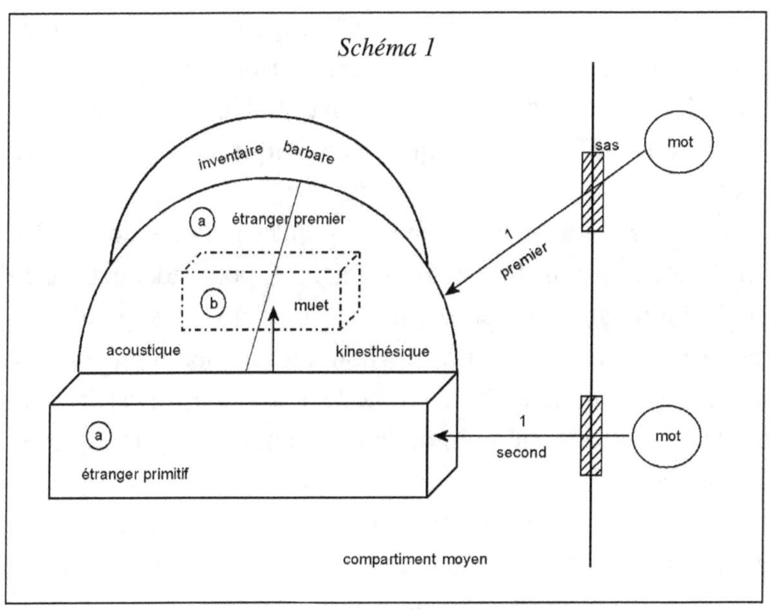

La première entrée dans le compartiment moyen, par le circuit n° 1 premier, est une entrée en mots et en phrases. Sont mises en jeu les aptitudes à la syllabation et à l'analyse de la structure acoustique de la syllabe : deux qualités propres à la condition d'homme, fait pour parler, et sur lesquelles tout le monde s'accorde. Les éléments acoustiques constitutifs de cette syllabe sont les consonnes/phonèmes qui sont transsubstantiées. Elles se dé-transsubstantient en entrant, en passant dans une sorte de sas. Un tri est fait, suivi d'une mise en dépôt dans l'inventaire barbare. Ce lieu en représentation mentale orale est le modèle étranger (a) premier. Ce modèle premier est l'accolement de l'inventaire qui va se dresser et de l'ensemble modèle auditif (ou acoustique)/modèle kinesthésique. Cet ensemble dynamique est une préparation intérieure des mouvements buccophonatoires qui vont permettre de reproduire le modèle auditif. Le dressement de cet inventaire exige une silhouette précise de chaque individu et par suite un physisme amplifié : ceci nécessite une dé-transsubstantiation. Nous sommes donc en présence d'êtres physiques acoustiques, silencieux, les cavernicoles.

L'entrée par le circuit n° 1 second va donner le modèle (a) étranger primitif qui sera confronté pour adéquation au modèle étranger (a) premier. Il manifeste alors ses qualités de représentation, c'est-à-dire de pouvoir donner une réplique intérieure et *sui generis* de ce modèle étranger : naissance du modèle (b) propre, témoin de la bonne marche de la machine à répliquer.

Ce premier modèle (b), muet, serait une représentation propre, rémanente, du physisme de ces sons retenus après tri – telle la représentation mentale d'un bruit.

Ce (b) muet, ce cavernicole silencieux en voie de sortie est donc un produit dé-transsubstantié, et va le rester en tout cas jusqu'à la lallation. Il va sortir en lallation et le fait qu'il ne s'agisse pas de syllabe, mais d'une syllabe en train de se faire, montre bien la nature de ce premier produit sortant. Comme dans l'inventaire barbare, il est nécessaire d'insister sur les caractéristiques physiques, il reste donc dé-transsubstantié, essentiellement physique, acoustique.

SCHÉMA N° 2

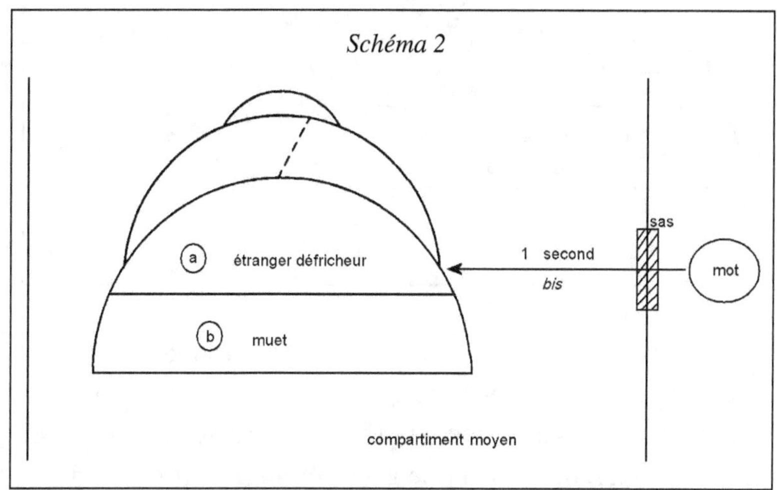

Le modèle étranger (a) primitif va disparaître après avoir pu donner naissance à un modèle propre (b) et, une fois obtenu ce témoin de la bonne marche de la machine, le modèle étranger, entrant par un circuit n° 1 second *bis*, deviendra le modèle (a) défricheur, et il aura pour tâche de confirmer, lors de la lallation, les réentrées des productions propres, à partir du (b) propre, donnant le modèle (a) étranger propre en les conduisant pour adéquation au modèle premier.

Schéma n° 3

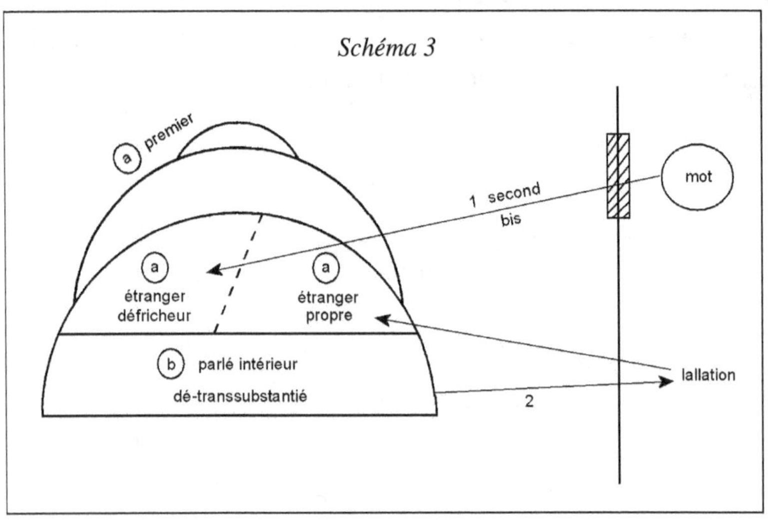

Le modèle (b) muet, réplique du (a) étranger initial, va accomplir son rôle : sortir. C'est l'impulsion « innée » à sortir qui va propulser ce modèle (b). C'est sa sortie qui va, en retour, donner lieu au modèle (a) étranger propre, pris en charge par le (a) défricheur : nous avons vu qu'il est, en ce temps, dé-transsubstantié, et il rentre pour donner le modèle (a) étranger propre avec la même nature dé-transsubstantiée. Ainsi, le mot entre, donne naissance à un modèle étranger, dit défricheur, qui va donner une réplique intérieure ne dépendant plus de l'extérieur, le modèle (b), poussé à sortir et donnant la lallation (phonème dé-transsubstantié) qui, rentrant, donne le modèle (a) étranger propre, pris en charge par le (a) défricheur et donnera un (b) parlé confirmé, toujours dé-transsubstantié.

SCHÉMA N° 4

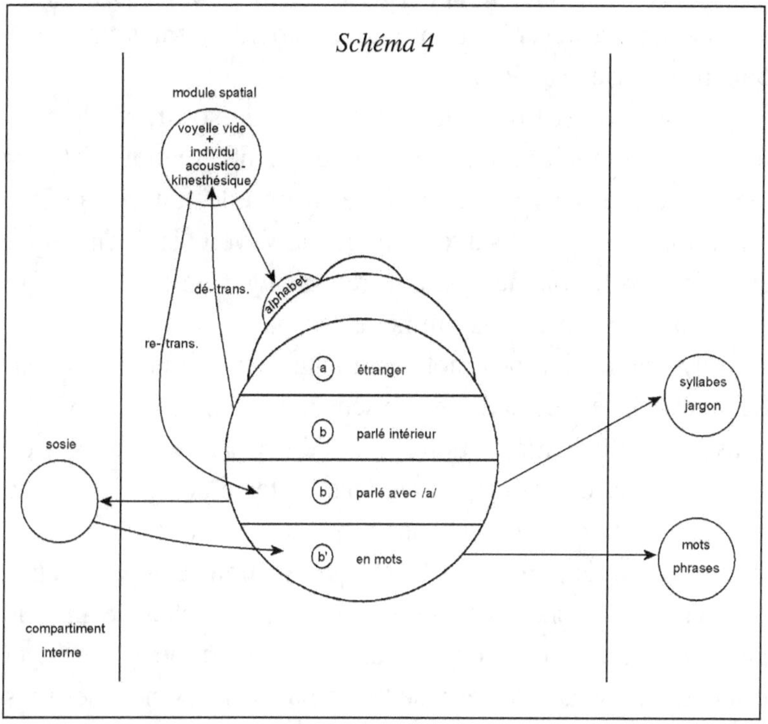

Ce schéma figure une extension de l'analyse, qui inclut les phases ultérieures avec les sorties vers le compartiment externe et les entrées aux sosies du compartiment interne.

Cet individu acoustique dé-transsubstantié, réplique confirmée du modèle étranger, va donner un modèle (b) parlé « intérieur », dé-transsubstantié, qui va rejoindre le module spatial où il sera « humanisé » par la prise en charge par la voyelle vide et le dressement concomitant de l'alphabet.

Ainsi, le produit acoustique, la consonne/phonème entré transsubstantié, a été dé-transsubstantié pour pouvoir être répliqué, sera certifié conforme, puis re-transsubstantié après

189

avoir été pris en charge par la voyelle vide et avoir côtoyé l'alphabet – ce convoyage est indispensable au (b), muet jusque-là, pour devenir un (b) parlé, d'abord dé-transsubstantié puis re-transsusbstantié.

Il sera un (b) parlé intérieur avant de sortir, réellement « dit » ; le relais sera pris par la voyelle emblématique /a/ parlée et incluse dans l'appareil à sens (où elle fait volontairement une pause – nous avons dit que la voyelle emblématique est une voyelle pleine, qui pourrait changer en tant que telle pour faire du sens, mais qui ne le fait pas).

La réplication des mots est maintenant possible : ils sont faits de syllabes (nous disons de sens linguistiques) et la syllabe constitue le (b) parlé, actionnée au départ par le statut réel de voyelle de /a/ emblématique et dans l'attente des variations de voyelles. Les sens linguistiques sont donc répliqués et donnent (b) (rappelons le jargon, modalité d'installation de la parole chez l'enfant, qui est une succession aléatoire de syllabes). S'installe alors un mécanisme d'entrée dans le compartiment interne et d'identification aux sosies installés depuis la naissance : les sens linguistiques vont s'associer pour donner des sens sémantiques – les mots. C'est l'impulsion à la parole qui déclenche tous ces mouvements. Les mots vont ressortir et donner (b'), qui est cette fois en mots. Donc (b) en syllabes, (b') en mots.

Tous ces mouvements se faisaient verticalement. Nous allons avoir maintenant la direction horizontale. On ne parle pas en mots, on parle en phrases et au moins avec deux ou trois phrases. C'est l'intuition syntaxique de la langue qui en régit l'ordonnancement.

Exercices

ALPHABET AVEC A

Nous présentons en planche un inventaire, non exhaustif, des consonnes présentées en syllabes avec « a ». Le « a » est la voyelle emblématique, c'est-à-dire non pas une voyelle vide, mais une voyelle pleine qui peut changer pour donner du sens (pas, pot, pis, paix, pus, pont, pan, peu, etc.) mais qui cependant, délibérément, ne le fait pas. Elle sert à convoyer la consonne qui, après l'inventaire barbare silencieux, a été oralisée par la voyelle vide.

C'est ainsi que l'on procédera : dans un premier temps /pa/ dit, puis on dit /pé/ et on écrit « p », /a/ dit et écrit en « attachant » les deux lettres, puis on redit /pa/. Ceci est le reflet de l'entrée réelle de la syllabe /pa/, suivie de l'isolement du /p/ aussitôt pris en charge par la voyelle /é / pour pouvoir être dit isolément.

Dans un deuxième temps, sur la planche ainsi dressée, on dit et on tape sur la syllabe, sans viser l'une ou l'autre lettre : /pa, pé, a, pa/. Ceci peut être pratiqué sans parler en accompagnant l'enregistrement qui en avait été fait, ou en alternant les rôles : syllabe entière en tapant une fois ou épellation en tapant trois fois. Le tout peut être « tutorisé », car l'enjeu n'est pas la correction des productions et le bon déroulement de l'exercice, mais l'entraînement et la simple présentation de ce développement.

ALPHABET JANUS

Voir p. 107.

CADASTRAGE

On trace rapidement des « cadastres » (segments de droite bien délimités aux extrémités : /------------/), sur lesquels on écrit de façon un peu brouillonne les mots d'une phrase (cadastre d'abord tracé, puis mot écrit dans ces limites, puis la suite, nouveau cadastre, nouveau mot, etc.). Dans un deuxième temps on dit (lit) la phrase en suivant du crayon sous les cadastres, sans marquer d'interruption entre eux, en glissant et en respectant une certaine synchronie avec les mots écrits.

CHAISE LONGUE

Cet exercice suppose une attitude décontractée, comme dans une chaise longue au bord de la mer ; côte à côte, le livre est tenu devant nous et je lui demande de lire avec moi, alors que je glisse le crayon sous le texte en lisant en même temps ; je dis que c'est moi qui commande et qu'il doit suivre. Je dois précéder son déchiffrage tout en lui offrant le mien, il met ses pas dans les miens en quelque sorte, je dois le devancer et son déchiffrage doit être parfait puisqu'il bénéficie de ma version et qu'il s'agit d'une lecture/ répétition. On peut ainsi entraîner un enfant qui commence à peine à lire, qui n'a pas franchi toutes les étapes classiques d'apprentissage des graphies complexes. Après cet exercice sur une courte phrase, il pourra parfaitement dans un deuxième temps relire la phrase correctement, comme entraîné. On dira qu'il redit de mémoire ; certes, mais la mémoire ne nous fait pas peur, tant que « son lit n'est pas fait », elle ne servira à rien ; en revanche lorsqu'elle commence à être utilisée, elle est la bienvenue car elle fait partie du fonctionnement normal et cela montrera que la mécanique est bien en place.

Après cet accompagnement, on lui demande de relire seul et de loin, sans crayon, le texte. Quelques variantes peuvent être faites : je peux suivre du crayon le texte qu'il va lire seul ; il peut utiliser le crayon pour le lire seul.

COURBÉ SOUS LA TEMPÊTE SUR L'AUTOROUTE

Cet exercice s'utilise dans les cas de piétinement et de découplage.

Le piétinement est une écriture particulière où un mouvement d'oscillation du poignet, comme faisant du surplace, accompagne chaque lettre qui se présente alors comme isolée. On a l'impression que le sujet écrit très vite, or il piétine et progresse lentement, ce n'est que ce mouvement qui en impose pour de la rapidité d'écriture.

Le découplage est le non-accès au sens lors du déchiffrage, ce qui est un préalable à une compréhension du texte. Le sujet peut ainsi lire quelques lignes de syllabaire, sans rien comprendre et sans en pouvoir rien redire. Certains patients disent que c'est comme s'ils voyaient les lettres « séparées ». Le formatage du mot ne peut pas être appréhendé, car ils n'en voient que des lettres juxtaposées.

L'exercice se pratique ainsi : je trace un trait en travers de la feuille, comme une amorce de lignage de la feuille vierge – c'est l'autoroute ; puis j'écris rapidement quelques mots d'un texte, en silence, en écrasant les lettres sur la ligne, c'est-à-dire exagérément penchées. On écrit ainsi un texte bref.

Ceci est fait en silence. Je demande au patient de bien regarder et de faire comme dans le patinage : alternativement j'écris et il regarde, puis il écrit à son tour sur son autoroute et avec des lettres cherchant à s'inclure dans l'autoroute tellement elles sont penchées.

On peut se contenter de cette procédure, comme on peut dans un deuxième temps faire lire ce texte sur le livre d'où il a été extrait.

DICTÉE MODÈLE LAISSÉ

J'écris un texte en le disant devant l'enfant ; puis, le laissant ostensiblement devant nous, je propose une dictée de ce même texte, sur une autre feuille – que l'on situera au-dessous de la précédente.

Je lui dicte donc le même texte ; avec une consigne très incitative : « Je te dicte », sans lui donner de consigne précise quant à l'autorisation de s'inspirer du texte laissé. S'il y a une faute dans sa dictée, on peut, sans commentaire, pointer le mot indiqué sur le modèle.

Certains enfants s'interdisent de vérifier sur le modèle, mais dans l'ensemble l'adaptation se fait parfaitement pour cette fausse copie/fausse dictée.

DICTÉE TÉLÉGUIDÉE

Je dicte une phrase en guidant sa transcription de façon synchrone en étirant les syllabes et en déroulant et prolongeant le proposé ; il faut contrôler qu'il écrit bien en même temps et qu'il est comme « téléguidé » ; il est ainsi incité à écrire de façon fluide, sans se préoccuper d'orthographe (pour les plus âgés) et en se laissant porter. Bien sûr, on ne recherche qu'une transcription phonétiquement fidèle. Lorsqu'il y a une hésitation, on ne cherche surtout pas à le laisser chercher la lettre à écrire, ni à faire une analyse phonétique : on lui fournit la lettre recherchée en l'écrivant dans un coin de la page.

Ce même type de dictée peut se faire modèle laissé. Il peut aussi se faire à partir d'un texte médical, hermétique pour lui et avec des orthographes inconnues.

DICTÉE ZIGZAG

On écrit une phrase très rapidement et en écrasant les lettres, de façon un peu électrisée, en la disant ; puis on lui dit je te dicte et il doit écrire au-dessous de la même façon.

DODE (DÉROULEMENT DE L'ORAL DANS L'ÉCRIT)

J'enregistre une phrase simple, n'importe laquelle, que je dis tout en l'écrivant, de façon synchrone, lentement et en déroulant les syllabes. Nous écoutons l'enregistrement et j'écris lentement sous ma propre dictée enregistrée, sous le modèle que j'ai écrit dans un premier temps, mot sous mot et de façon synchrone. Puis, après qu'il m'a vue ainsi procéder, je lui demande de faire la même chose et de transcrire sous la dictée enregistrée. Rappelons qu'il ne lui est jamais demandé de dire pendant qu'il écrit (de même qu'il ne leur est jamais demandé de dire pendant qu'ils écrivent en dictée normale).

DOMINIQUE

Hors vue, je lis un texte en l'enregistrant sur magnétophone, d'une façon particulière ; il est demandé au patient de bien écouter : sur de brefs passages, j'alterne la lecture des mots séparés, deux ou trois, suivis immédiatement et rapidement du segment bien lié (comme normalement). Exemple : « souvent/le/verrier/   /souvent le verrier/ » « se/fait/aider//se fait aider/ ». En quelque sorte par cet arrêt, nous matérialisons à l'oral les blancs qui séparent les mots à l'écrit et qui correspondent aux entremots de l'oral, non marqués par un arrêt physique.

Dans un deuxième temps, on lui demande de réécouter l'enregistrement.

On peut dans un troisième temps lui demander de lire le texte, sans faire de commentaire, et éventuellement de lui en faire une dictée.

ENCHAÎNEMENT MAISON

Après la pratique du privilégié n° 1, je fais répéter et retenir la phrase du texte qui vient d'être proposée, sans texte sous les yeux. Si la rétention est impossible, l'exercice ne peut pas être pratiqué ; néanmoins on peut aider et « souffler ».

Je retourne la feuille sur laquelle a été pratiqué le privilégié n° 1 et je lui demande de me dicter cette phrase.

J'écris très ostensiblement devant lui en lui demandant de bien s'adapter à ma transcription, que je déroule sous son proposé. Le résultat est la même phrase que l'exercice précédent, mais écrite sous sa dictée, à la suite sur une ou deux lignes, en cursive moyenne.

Je trace un trait sous cette phrase, partageant ainsi la page en deux et je lui demande d'épeler la phrase écrite, de « dire les lettres ». J'écris sous sa dictée épelée (montrant éventuellement du crayon, moi ou lui, les lettres des mots de la phrase du dessus de la page), au fur et à mesure de son épellation, mais en liant les lettres.

Nous obtenons ainsi, de part et d'autre du trait de séparation, la même phrase. Je lui donne un crayon tapeur, le lui fais placer au début de la phrase à l'étage supérieur et lui donne comme consigne : « Je te dicte, tu glisses comme ça » et pendant que je dis la phrase en la déroulant (en enchaînant les syllabes de façon traînée), je l'incite à glisser sous la ligne de façon synchrone. Je fais ainsi cette « dictée » spéciale sur les phrases des deux étages.

Puis, je lui demande de lire seul de la même façon en glissant sur la ligne. Nous avons ainsi parcouru tous les circuits virtuels, externes n° 1 et 2 et internes n° 1 et 2[24].

FANTÔME

Il s'agit de montrer comment s'est installé le modèle (a) fantôme qui a donné naissance au texte inerte d'un livre, avant de passer à la virtualité.

Je dis une phrase, que je fais répéter, puis je l'écris en disant : derrière le texte final, il y a eu un proposé oral qui

---

24. Gisèle Gelbert, *Lire, c'est vivre, op. cit.*, p. 153-162.

a pu être répété, puis sa transcription graphique, qui sera le seul témoin de ce fonctionnement. On demande ensuite de lire la phrase en glissant du crayon. On peut faire suivre d'une dictée.

GLISSÉ SUR BANDE

On va montrer les formatages d'où sont tirées les syllabes et donc montrer les mots :

– on enregistre une phrase en exagérant la séparation des mots à l'oral, pour bien faire saisir la présence des entremots (prémices de la dynamique blancs/entremots) ;

– puis on écoute et on l'incite (en le faisant d'abord devant elle, puis en le faisant à deux) à glisser sous le texte tout en suivant fidèlement l'enregistrement – on marque ainsi le blanc qui sépare les mots par un arrêt, mais en maintenant le glissé du crayon, sans festonner.

GYMNASTIQUE

Se dit de l'enchaînement des exercices suivants : ping-pong, tennis, jogging, marathon (quelquefois omis). Il sert de préparation du texte à la lecture ou à sa fixation pour la dictée.

Ping-pong :
Cet exercice se pratique soit sur un texte écrit en grosse cursive et segmenté, soit sur un texte de syllabaire, segmenté ou non, soit sur un texte « normal » (Gallimard Jeunesse, Découverte Benjamin, est un bon support, en raison de sa clarté typographique et de sa disposition en brefs paragraphes, mais on peut utiliser un autre texte courant), soit enfin sur un texte médical, phonétiquement complexe et

offrant un accès au sens difficile. L'utilisation d'un texte segmenté ne se fait qu'exceptionnellement.

J'utilise toujours le stylo tapeur pour frapper alternativement sur les syllabes qui se succèdent, chacun la sienne. Il faut bien noter que l'on ne tape pas *sur* le texte, mais sur la table, sur un carton protecteur (le bruit du ping-pong est assourdissant...) situé au pied du livre, devant nous.

La syllabe finale, avec un *e* muet est toujours une syllabe à part entière. elle est tapée comme telle et le *e* se dit, comme dans le Midi.

Cet exercice peut être « tutorisé ». Je me munis alors de deux stylos tapeurs. Alternativement l'enfant et moi tapons, lui sa syllabe et moi la mienne, à ceci près que j'utilise le deuxième stylo pour montrer les syllabes en cours, particulièrement celle qui échoit à l'enfant.

L'allure cherche à être rapide lorsqu'il n'y a pas trop de difficultés. L'exercice peut alors se transformer en un « ping-pong d'enfer » sur tout un texte. Il arrive aussi que cet exercice entraîne une fatigue certaine, voire même un malaise qui en nécessite l'interruption.

Tennis :

Il se pratique généralement après le ping-pong. Il consiste, de la même façon, à taper toutes les syllabes d'un mot, y compris la syllabe finale en marquant le *e muet,* en alternance, chacun son mot. On ne tape pas sur le texte, mais sur le carton disposé sur la table au pied du livre, entre nous et le livre (on surélève un peu le livre en sa partie haute afin que la visibilité soit meilleure). On ne saute jamais, ni sur un texte segmenté, ni sur un texte en cursive, mais sur un texte imprimé.

Jogging :

Il fait suite au tennis. Il ne se pratique que sur un texte imprimé, de préférence avec des lignes inégales. Il consiste à « jogger » sur une piste chacun, alternativement, c'est-à-dire sur une ligne chacun, sans égard pour les coupures des mots ou les ruptures de sens, en frappant sur toutes les syllabes, recto-tono, sans respecter aucune des segmentations en mot, ni aucune ponctuation. C'est une sorte de continuum tapé, il doit être pratiqué assez rapidement. Rappelons que la frappe ne se fait pas sur le texte, mais sur la table où un carton adéquat est disposé pour recevoir et assourdir les frappes, au pied du livre, devant les lecteurs.

HARRY POTTER

Il ne s'agit pas vraiment d'un exercice, car il ne se pratique qu'une seule fois et lors du bilan. Lorsqu'une lecture nous paraît exagérément altérée, et surtout après un suivi assez prolongé en travail aphasiologique, on suspecte un surinvestissement névrotique, un boutonnage. Il s'agit de provoquer un choc comme Charcot le faisait avec ses patientes hystériques, car il s'agit bien d'une conversion hystérique. On évoque de façon saisissante Harry Potter et sa baguette magique, et on enjoint notre baguette magique d'agir, en la brandissant énergiquement devant le patient : le résultat est le plus souvent spectaculaire, normalisant totalement la lecture, à la stupéfaction de la famille. Le diagnostic est important pour ne pas s'égarer à faire des analyses linguistiques explicatives, alors qu'il s'agit d'un dysfonctionnement psychologique, ceci est déjà un point acquis qui va infléchir la rééducation. Mais le plus difficile reste à faire : adapter le travail à la situation ; il y a deux pistes : snober la lecture et montrer qu'il ne tirera aucune gratification de sa mauvaise lecture car cela ne nous intéresse pas, d'autre part revenir « aux origines » puisque ce sont les mauvais fonctionnements initiaux qui ont été « autorisés » à refaire surface, alors qu'ils avaient été réparés : on va refaire toute l'installation.

INFORME

L'allègement ne peut se faire qu'à l'oral, en gommant les articulations des phonèmes, donnant un flou jusqu'à la limite de l'intelligibilité ; c'est la parole ventriloque, qu'un de nos patients a qualifiée de « taratata ». L'oral informe peut être utilisé soit en répétition, soit en lecture (à deux ou alternée ou accompagnée), soit en dictée, soit en demande de reconnaissance de mots dans le texte.

LECTURE EN ORATEUR

Voir dans le texte p. 132.

LECTURE ZIGZAG

Lecture proposée en suivant du crayon, soit en alternance, soit à deux avec une vitesse très grande, permettant à peine d'articuler (on peut en arriver à de l'informe, mais cela est différent d'une lecture rapide en informe).

N × 2

Cet exercice va soumettre le patient à une explicitation du potentiel de syllabation d'un proposé oral, point de départ à l'extraction des phonèmes.

Devant le sujet, une courte phrase est enregistrée hors support visuel, à deux reprises, puis suivie d'une proposition de la même phrase syllabée en l'accompagnant d'une frappe du crayon.

Dans un deuxième temps, on fait entendre l'enregistrement et on demande d'abord d'écouter la phrase entière, puis d'accompagner la syllabation en tapant seulement sans parler, puis enfin de redire la phrase syllabée et tapée de mémoire.

PATINAGE

Nous sommes assis côte à côte ; nous avons chacun notre feuille de papier et un crayon à papier à mine grasse.

Je « patine » en écrivant quelques mots en grosse cursive, de façon très déliée. Je dis à l'enfant : « Ton œil est au bout de mon crayon ; tu vois ce qui en sort et tu me regardes patiner, glisser sur la glace. Puis c'est à toi, tu t'élances à ton tour comme tu m'as vue et tu patines comme moi. »

Je lui demande donc d'écrire la même chose, de la même façon, sur sa feuille. Il ne s'agit pas de copie : l'enfant ne doit pas avoir le regard fixé sur mon proposé quand vient son tour de patiner ; il ne s'agit pas non plus de rétention, car il peut, en cas de difficulté, jeter un coup d'œil sur mon modèle. Il s'agit de « faire s'écrire » sa représentation mentale graphique à l'image de ma réalisation, puis de l'écrire.

Cet exercice peut être dit ou silencieux : je dis en même temps que j'écris ou j'écris en silence ; dans tous les cas l'enfant doit se taire, son patinage est toujours silencieux.

Si on ne peut empêcher l'enfant de détacher son regard du modèle (soit il regarde chaque lettre avant de l'écrire, soit il écrit le regard fixé sur le modèle sans absolument regarder ce qu'il écrit lui-même), on enchaînera sur l'exercice de rétention, dit « photo », où le modèle est soustrait du regard.

PING-PONG

Voir *Gymnastique*.

PLUMEAU

Voir planche et *in situ* p. 112.

On présente les différents aspects de la consonne : la lettre assortie du petit plumeau représente la consonne de la lallation, dé-transsubstantiée, avec son explosion ou son souffle, puis suit la survenue de la voyelle vide – qui se montre en s'écrivant – puis la constitution de la syllabe, sens linguistique, dans un mot où on la marque par une segmentation.

POIDS DES MOTS

Il consiste en une adaptation de l'enchaînement maison, suivi d'un « appendice » :

A - « *L'enchaînement maison* »

1er volet : nous désignons un détail sur une illustration (par exemple sur une scène d'abattage d'arbres dans une forêt : bûcheron, sapin, scie, rondins) et donnons oralement les mots correspondants.

2e volet : nous écrivons les mots correspondants en les disant et en les présentant comme dans « l'enchaînement maison » ici :

bûcheron

sapin

scie

rondin

(Les mots sont dictés dans le désordre, il doit les écrire sous cette colonne et on accompagne et dirige sa transcription en la téléguidant ; la consigne est : je te dicte, il s'agit d'une fausse copie/fausse dictée.)

3ᵉ volet : le patient dicte en s'efforçant de nous téléguider et nous écrivons ainsi sur une autre feuille, puis, traçant un trait de séparation nous lui demandons de nous dicter l'épellation de ces mots et nous attachons bien en cursive ces lettres épelées – donc dites séparées :

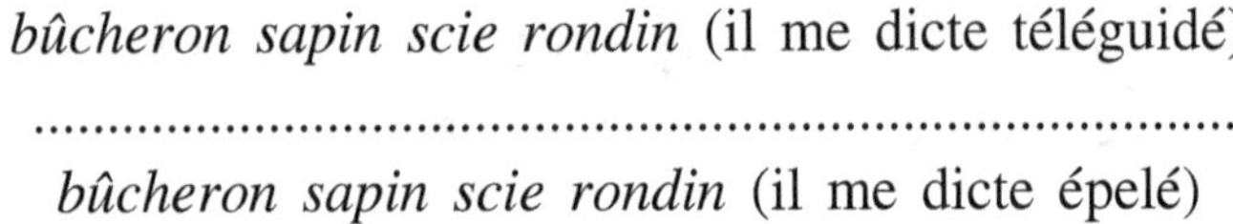

4ᵉ volet : nous lui donnons comme consigne « Je te dicte et tu glisses sans sauter ni festonner d'un mot à l'autre » et il glisse ainsi à l'aide d'un crayon sous le texte, pendant que nous « dictons » (il s'agit d'une fausse lecture/fausse dictée) : puis on lui demande de lire seul en glissant le crayon de la même façon.

Ceci est « l'enchaînement maison » – à la différence qu'ici ce sont des mots que nous dictons, au préalablement rattachés à l'image, et non des phrases dont on dictera les éléments dans le désordre.

B - L'appendice propre au « poids des mots »

Une fois le mot bien affirmé dans son poids de sens et de formatage, on va le mettre en phrase en pratiquant la « dictée zigzag » :

– on écrit en la disant, à très grande vitesse et en cursive, une phrase contenant ces mêmes mots :

le bûcheron scie le sapin en rondins

et on lui demande d'écrire au-dessous, en dictée, la même phrase, proposée à grande vitesse.

La vitesse va sommer le mot de s'alléger en lui faisant lâcher du lest.

POUSSE AU DÉCHIFFRAGE

Nous allons lire ensemble, comme si je le faisais avancer devant moi, l'épée dans les reins : il est devant moi et j'initie pour lui le déchiffrage en le poussant, ne le devançant pas, l'incitant à avancer – et pouvant profiter du déchiffrage dont je lui propose l'amorce.

Initialement, cet exercice avait été fait dans l'idée de solidariser sens et déchiffrage – mon déchiffrage étant indissociable du sens, je l'entraînais à normaliser ainsi. Je pensais que sens et déchiffrage s'unissaient dans un fixé unifié par mon fonctionnement normal.

Actuellement, il me semble plutôt s'agir d'un mouvement allant vers cette association, sans fixé.

PRIVILÉGIÉ N° 1

Voir dans le texte p. 19.

RAGONDIN

– Dans un premier volet, nous présentons la voyelle vide, la voyelle d'appel, écrite visiblement en même temps que nous disons et écrivons : « **pa, pé, a, pa** », avec plusieurs consonnes (toujours de la même façon : dit et écrit, dit et tapé, seul ou à deux, tapé et dit sur enregistrement, dit et tapé par le sujet), sur plusieurs lignes :

pa pé a pa

sa ès a sa

– Dans le deuxième volet de l'exercice (« **pa pa po pa pa** »), nous irons encore au-devant de propriétés importantes, mais dont nous n'avons suspecté l'existence que grâce à la pathologie : le pouvoir de la voyelle sur la consonne. Sur plusieurs lignes :

pa pa po pa pa

sa sa so sa sa

Nous allons montrer que si la voyelle change, la consonne ne change pas automatiquement. Il s'agit encore ici, non d'un tabou, mais d'un « secret », propre à l'écrit, qui peut être mal compris, et qui rendra compte de la composition de l'alphabet. L'alphabet a, entre autres, exclu le « /g/ » : (sonorisation du « k »). Il manifeste ainsi le pouvoir de la voyelle sur la consonne : la lettre « g » donne « /j/ » lorsqu'elle est suivie de « e, i », mais « /g/ » suivie de « a, o, u ». On joue sur la saisie du mécanisme intime découlant de la juxtaposition, mais on ne néglige pas la répétitivité et le fixé mnésique.

– Le troisième volet (« **pa po pi pu** ») nous remet dans une succession normale où la voyelle pleine change et se dit, et ne modifie en rien la consonne de la syllabe. Sur plusieurs lignes :

pa po pi pu

sa so si su

SANDWICH

Il s'agit de montrer que la syllabe est un sens linguistique et pas une simple coupure, segmentation physique du flux oral (celui qui a servi aux origines à extraire les phonèmes de la langue maternelle pour en faire l'inventaire barbare, le catalogue originel). On alterne une lecture en ping-pong et une lecture normale, rapidement, puis une lecture entière, puis une demande de sens.

SAUTÉ SUR BANDE

Sur un texte dit et écrit en cursive, segmenté en syllabes, puis directement sur le syllabaire, non segmenté : on enregistre syllabé et sauté par nous, puis sur l'enregistrement on lui demande de regarder et de répéter les syllabes sans taper, alors que nous tapons. Nous conserverons le plus souvent une des premières phrases du syllabaire et nous insistons ici pour dire que le sens importe peu.

SERPENTIN

C'est l'appellation d'une production, où le flux écrit est confondu avec le flux oral, c'est-à-dire sans interruption matérialisée de la séparation des mots. Le serpentin peut être phonétiquement fidèle ou jargonné.

L'exercice est une reprise de « sur l'autoroute courbé sous la tempête », mais concernant une phrase se déroulant sans interruption.

TGV

Lecture ultra-rapide, entraînée : je lis un texte très rapidement en le suivant d'un glissé du crayon sous la ligne ; puis je lui demande de faire de même – le glissé du crayon est synchrone avec la lecture des mots.

Cet exercice se fait habituellement à la suite de la lecture en chaise longue, avant de demander une lecture autonome.

TOPO À DEUX

Après sa lecture d'un texte, il lui est demandé de faire un résumé écrit – nous disons un topo –, mais nous le faisons en même temps que lui, côte à côte, en le disant et en naviguant entre une sorte de dictée et une rédaction spontanée.

TROIS PHRASES

Nous élaborons verbalement et en l'écrivant, à propos d'une image, le déroulement chronologique des étapes d'une action représentée. Nous montrons ainsi la pensée qui se fait : on ne parle pas en mots, on parle en phrases ; la pensée s'organise avec au moins trois phrases.

Remerciements

à Véronique Baduel qui, de sa plume informatique, a fait éclore les schémas,

à Catherine Weil, Anny-Claude Zemmour, Véronique Serraz, Marie-Christine Noblet, Jean-Marc Landolt, Anna Jumpertz, qui ont partagé avec moi leurs soucis pour leurs petits patients,

à Didier et Barnabé, mes bons génies en informatique,

à Anatole en aube blanche et son sourire encourageant...

Table des matières

Troisième partie
AVEC LE DR HOUSE

Quatrième partie
SUR LE TERRAIN

ANNEXES

Cet ouvrage a été composé et mis en pages
chez Nord Compo (Villeneuve-d'Ascq)

N° d'impression :
N° d'édition : 7381-3059-X
Dépôt légal : novembre 2013

Imprimé en France

www.ingramcontent.com/pod-product-compliance
Lightning Source LLC
LaVergne TN
LVHW050557200726
843508LV00010B/1675